Jürgen Funk/Nora Hummel (Hg.)

Von Leuchttürmen, Nebelbänken und Eisbergen – Fachkräftesicherung braucht Weitsicht

Jürgen Funk/Nora Hummel (Hg.)

Von Leuchttürmen, Nebelbänken und Eisbergen – Fachkräftesicherung braucht Weitsicht

Frankfurter Allgemeine Buch

Bibliografische Information der Deutschen Nationalbibliothek
Die Deutsche Nationalbibliothek verzeichnet diese Publikation in der Deutschen Nationalbibliografie; detaillierte bibliografische Daten sind im Internet über http://dnb.d-nb.de abrufbar.

Jürgen Funk/Nora Hummel (Hg.)
Von Leuchttürmen, Nebelbänken und Eisbergen – Fachkräftesicherung braucht Weitsicht

F.A.Z.-Institut für Management-,
Markt- und Medieninformationen GmbH
Mainzer Landstraße 199
60326 Frankfurt am Main
Geschäftsführung: Volker Sach und Dr. André Hülsbömer

Frankfurt am Main 2012

ISBN 978-3-89981-281-7

Frankfurter Allgemeine Buch

Gestaltung
Umschlag/Satz Q Kreativgesellschaft mbH
Satz Innen Anja Desch
Druck Kösel GmbH & Co. KG, Am Buchweg 1, 87452 Altusried-Krugzell

Koordination Claudia Brandt

Printed in Germany

myclimate neutral

Inhalt

Widmung für Manfred Hoppe

Dieser Tagungsband ist einem ganz besonderen Menschen gewidmet, Herrn Manfred Hoppe. Er gilt zweifelsohne als einer der besten Kenner der Bildungsszene in Deutschland und hat als Geschäftsführer die „HessenChemie" in den vergangenen 30 Jahren ganz wesentlich geprägt.

Sein fundiertes Fachwissen und seine umfangreiche volkswirtschaftliche Expertise brachte er gepaart mit Überzeugungskraft in Tarifverhandlungen, Arbeitskreisen und zahllosen Seminaren ein. Viele Weggefährten schätzen seine zuverlässige Art, seine klaren Wertevorstellungen und nicht zuletzt sein Urteilsvermögen.

Dem unermüdlichen Engagement von Manfred Hoppe ist es zu verdanken, dass der Vertrag „Zukunft durch Ausbildung" in Hessen auch in konjunkturell schwierigen Zeiten erfolgreich umgesetzt werden konnte. Mit dem Dank und der Anerkennung für die geleistete Arbeit verbindet sich die Hoffnung, dass sein Lebenswerk in den zwei würdigen Nachfolgern, Frau Nora Hummel und Herrn Jürgen Funk, weiter wachsen wird. Mich persönlich erfüllt es mit Stolz, die letzten zehn Jahre eng beruflich an der Seite von Herrn Hoppe verbracht zu haben und auch zukünftig sicher noch ab und zu mit ihm über die „Irrwege" der Bildungspolitik in Deutschland zu diskutieren.

Dr. Udo Lemke, Geschäftsführer Provadis Partner für Bildung und Beratung GmbH

Vorwort

Erleiden wir Wohlstandsverluste durch fehlende Fachkräfte? Ungeachtet zahlreicher Prognosen und Fachveranstaltungen zum Thema „Fachkräftemangel" ist diese These umstritten. Fakt ist, dass Unternehmen der chemischen Industrie in Hessen heute auf ihre Stellenausschreibungen weniger und weniger gut qualifizierte Bewerbungen erhalten. Die Personalsuche dauert dadurch länger und Positionen können zumindest vorübergehend nicht besetzt werden. 40 Prozent der Unternehmen verzeichnen einer Umfrage der HessenChemie zufolge bereits dauerhaft Vakanzen. Jene Unternehmen, die noch nicht von akutem Fachkräftemangel betroffen sind, rechnen in den kommenden Jahren mit ähnlichen Herausforderungen.[1]

Wir wollten deshalb wissen, wie ein „Muster-Szenario" zur Fachkräftesicherung aussehen kann. Den Brückenschlag zwischen „akademischer" Diskussion und betrieblicher Realität soll die „Max Muster GmbH" leisten:

Bei „Max Muster" wächst die Einsicht, dass die lange Zeit gepflegte Lieblingsidee der Personaler, der HR-Bereich müsse im Konzert der unternehmerischen Funktionen „strategischer Business-Partner" sein, im Zeichen des Fachkräftemangels notgedrungen zur Realität wird. Die längerfristig angelegte strategische Personalplanung – bislang eher als lästige „Fingerübung" angesehen – wird zur unverzichtbaren Entscheidungsgrundlage für alle Bereiche der Unternehmensplanung. Das Ansehen, das Max Muster bei seinen Kunden mit seinen guten Produkten und der exzellenten Serviceleistung aufgebaut hat, muss nunmehr auch für den Aufbau einer Arbeitgebermarke genutzt werden, die für Bewerber attraktiv ist. Dieses Projekt bekommt für den HR-Bereich hohe Priorität.

Eine ausführliche Demografieanalyse der Max Muster GmbH hat gezeigt, dass das Durchschnittsalter der Belegschaft in den kommenden Jahren stark ansteigen wird. „Irgendwie gewusst" hatte man dies im Unternehmen schon seit Langem. Jetzt liegen „harte" Daten auf dem Tisch: In den kommenden fünf Jahren wird der Befund personalpolitisch schwelen. Danach allerdings werden innerhalb weniger Jahre fast

1 Die kommentierten und ausführlichen Ergebnisse der HessenChemie-Umfrage finden sich am Ende des Tagungsbandes.

20 Prozent der Belegschaft das Renteneintrittsalter erreichen. Bereits heute ist absehbar, dass diese Abgänge nicht ohne Weiteres durch Neueinstellungen ersetzt werden können. Die Muster GmbH setzt sich mit der Frage auseinander, wie der drohende Know-how-Verlust verhindert werden kann. Sie zieht in Betracht, ihre Arbeitnehmer – anders als in den zurückliegenden Jahren – möglichst bis zum Renteneintritt im Unternehmen zu halten, bestimmte „Schlüsselkräfte" auch darüber hinaus. Das erfordert auch, dass das Unternehmen stärker als bislang in die Fitness der Mitarbeiter investiert – und das sowohl in Bezug auf die fachliche Kompetenz als auch auf die Gesundheit. Um die Attraktivität für Nachwuchskräfte zu erhöhen, wird ein Maßnahmenpaket zur Vereinbarkeit von Beruf und Familie geschnürt und das Portfolio an Nebenleistungen neu ausgerichtet. Das immer schon starke Engagement in der betrieblichen Berufsausbildung wird weiter verstärkt. „Max Muster" macht allerdings die Erfahrung, dass gute Bewerber von Jahr zu Jahr schwerer zu finden sind.

Seit Kurzem hat der Personalleiter des Unternehmens ein neues Projekt. Aufgrund der Nachrichten über die hohe Jugendarbeitslosigkeit in Spanien ist der Geschäftsführer mit der Bitte auf ihn zugekommen, „doch mal zu prüfen, ob das nicht in Zukunft auch etwas für uns wäre". Dem Personalleiter ist klar, dass es dabei um mehr geht, als Fachkräfte im Ausland zu rekrutieren. Wenn sie bei „Max Muster" eine Heimat finden sollen, dann muss nicht nur die Geschäftsleitung, dann müssen alle Mitarbeiter und insbesondere die Führungskräfte an der Integration mitwirken. Und das erfordert – ebenso wie die Einführung der meisten anderen diskutierten Instrumente – ein Umdenken in der gesamten Belegschaft.

Soweit das – manchmal überspitzte, in manchen Teilen aber sicher auch ergänzungsbedürftige – Szenario. Viele Unternehmen beschäftigen sich bereits mit derartigen oder auch weitergehenden Überlegungen. Das machen die Ergebnisse der bereits zitierten Umfrage im Bereich der HessenChemie deutlich.

Die Sozialpartner der chemischen Industrie haben die Folgen der demografischen Entwicklung frühzeitig zum Thema gemacht und Weichen für die unternehmerische Personal- und Sozialpolitik gestellt. Diesen Tagungsband widmen wir unserem ehemaligen Geschäftsführer Manfred Hoppe, der über 30 Jahre für die wichtigen Bereiche Aus- und Weiterbildung in unserem Verband verantwortlich war. Die erfolgreiche Umsetzung des Tarifvertrags „Zukunft durch Ausbildung" zwischen 2003 und heute ist zu wesentlichen Teilen auch sein Verdienst. Wir würdigen sein berufliches Lebenswerk und wollen gleichzeitig Diskussionsbeiträge für die Fachkräftesicherung und damit die Zukunftsfähigkeit unserer Unternehmen leisten.

Jürgen Funk Nora Hummel

„Gebrauchsanweisung“ für die Lektüre des Tagungsbandes

Diskussionen um einen realen oder befürchteten Fachkräftemangel schwanken zwischen den Extremen: Entweder wird für die gesamte Volkswirtschaft oder ganze Branchen versucht, eine verbindliche Diagnose zu stellen – Fachkräftemangel ja oder nein –, oder die Perspektive einzelner Unternehmen wird als Maßstab herangezogen, was zwangsläufig zu Verzerrungen führen muss. Um die komplexen Wirkungsgefüge am Arbeitsmarkt verständlich zu machen und aufzuzeigen, welche Ansatzpunkte es zur Fachkräftesicherung (ausdrücklich ein positiver Begriff!) gibt, hat der vorliegende Tagungsband einen besonderen Aufbau:

Den deutschen Arbeitsmarkt beschreibt zu Beginn der Vorstandsvorsitzende der Bundesagentur für Arbeit, Frank-Jürgen Weise. Den Epilog gestaltet das Vorstandsmitglied der Industriegewerkschaft Bergbau, Chemie und Energie, Frau Edeltraud Glänzer. Davon eingerahmt vertiefen Fachautoren jene Themen, die aus Sicht des Arbeitgeberverbandes HessenChemie wesentliche Bausteine zur Fachkräftesicherung darstellen. Die imaginäre „Max Muster GmbH“, die zu Anfang kurz vorgestellt wird, stellt das Bindeglied zwischen diesen Beiträgen dar und soll vermitteln, dass Fachkräftesicherung betrieblich gestaltbar ist. Sie erkennen die kurzen Episoden zur Max Muster GmbH an dem Symbol eines Kompasses, dem Richtungsinstrument für den Kurs Fachkräftesicherung. Am Ende des Tagungsbandes finden Sie die Ergebnisse einer im November 2011 durchgeführten Umfrage unter unseren Mitgliedsunternehmen.

Ausgewählte Ergebnisse dieser Umfrage haben wir den Beiträgen des Tagungsbandes beigestellt, sofern sie uns als „empirischer Kommentar“ interessant erschienen. Da diese Ergebnisse uns immer wieder an die betriebliche Realität erinnern und uns gewissermaßen erden, werden sie durch einen Anker symbolisiert. Den ganzen Band über werden Sie auch Infoboxen begleiten. Diese skizzieren Projekte und Initiativen mit Modellcharakter, passend zu den jeweiligen Beiträgen, weswegen sie durch einen Leuchtturm ausgewiesen werden.

Der Kompass steht für eine Episode aus dem Arbeitsalltag der mittelständischen Max Muster GmbH und deren Berührungspunkte mit dem Fachkräftemangel.

Kästen mit diesem Symbol enthalten ausgewählte Ergebnisse der HessenChemie-Unternehmensumfrage zum Fachkräftemangel aus November 2011. Diese Umfrageergebnisse „kommentieren“ den jeweiligen Beitrag; mal unterstreichen sie dessen Aussage, mal liefern sie Zusatzinformationen oder hinterfragen Sachverhalte. Die Zusammenfassung der Umfrageergebnisse finden Sie am Ende des Buches auf den Seiten 194ff.

Der Leuchtturm steht für eine Erfolg versprechende Initiative zur aktiven Gestaltung der Fachkräftesicherung.

Wir möchten Sie mit den folgenden Beiträgen einladen, uns in den Alltag der Max Muster GmbH zu begleiten. Im besten Fall wird damit deutlich, dass Fachkräftesicherung heute beginnt und es ausreichend Ansätze gibt, damit eine alternde und schrumpfende Gesellschaft nicht zu Wachstumseinbrüchen und Wohlstandsverlusten führt. Die Arbeit hat sich gelohnt, wenn es uns gelingt, dass weiterhin eine Vielfalt hochwertiger und wissensintensiver Chemie- und Pharmaprodukte mit leistungsfähigen Teams aus Deutschland kommen kann – allen Predigern des Fachkräftemangels zum Trotz.

Beschreibung der Max Muster GmbH

Die Max Muster GmbH ist das fiktive Beispiel eines hessischen Chemieunternehmens. Tätig bei der Produktion von chemischen Grundstoffen, die beispielsweise in Autolacke einfließen oder bei der Fertigung von Katalysatoren verwendet werden, hat es sich mittlerweile über 80 Jahre im internationalen Wettbewerb behauptet. Circa 60 Kilometer vom Frankfurter Finanzzentrum entfernt, liegt es mit seinen 180 Mitarbeitern im Main-Kinzig-Kreis. Wie für viele Unternehmen der Automobilzulieferindustrien war das Geschäft der letzten Jahre von starken Schwankungen, bis hin zur Kurzarbeit, geprägt. Augenblicklich liegt die Kapazitätsauslastung auf extrem hohem Niveau, weshalb die Geschäftsführung die Mitarbeiter bereits auf einen stark verkürzten Jahreswechsel eingestimmt hat. Der permanenten Krisenberichterstattung zum Trotz sind die Auftragsbücher gut gefüllt. Deshalb bleibt der Geschäftsführer, Herr Max Muster, auch immer wieder an jenen Zeitungsberichten hängen, die mit mehr oder weniger Sicherheit von Fachkräfteengpässen berichten. Max Muster fällt es schwer, die vielen Fragen zu sortieren, die ihm dabei durch den Kopf gehen: Die OECD berichtet immer wieder, dass es in Deutschland zu wenig Menschen mit Hochschulstudium gibt. Er selbst hatte jüngst bei der Stellenbesetzung eines Handwerksmeisters große Probleme. Und was ist mit den Ingenieuren? Könnten nicht spanische Fachkräfte für ihn in Frage kommen, sobald in seinem Unternehmen die Verrentungswelle einsetzt? Auch bei den Qualifikationsprofilen sieht Max Muster einen starken Wandel in den vergangenen 15 Jahren. Einige Berufe existieren gar nicht mehr. Entweder wurde die Tätigkeit verlagert oder Computer steuern nun die Produktionsprozesse: „Wie soll ich unter diesen Umständen beurteilen können, ob ich als Unternehmer in einen Fachkräftebedarf hineinlaufe oder nicht?“

Einleitung
Der Fachkräftebedarf – eine dramatische Entwicklung

Frank-Jürgen Weise

Die Entwicklung, die den Arbeitsmarkt heute bereits beeinflusst und ihn morgen auf dramatische Art und Weise bestimmen wird, konnte man bereits in den siebziger und achtziger Jahren des vergangenen Jahrhunderts erkennen. Die Zahl der Geburten in Deutschland sank auf ein historisches Tief. Schon damals warnten Statistiker davor, die Deutschen könnten ein aussterbendes Volk werden. Angesichts der zur gleichen Zeit stetig steigenden Arbeitslosigkeit verhallten diese Worte ungehört. Nun stehen wir vor einer Situation, die sich nicht mehr ändern, sondern nur noch abfedern lässt: Die Demografie macht sich bemerkbar. Immer weniger junge Menschen kommen nach und stehen dem Arbeitsmarkt zur Verfügung. Diese rein quantitative Entwicklung wird in ihrer Bedeutung für den Arbeitsmarkt durch einen qualitativen Aspekt verstärkt: Die Anforderungen an Arbeit und damit an Arbeitskräfte werden höher, und immer häufiger lassen sich unter der ohnehin verringerten Auswahl an Bewerbern nicht die geeigneten Kandidaten finden. Anders gesagt: Mit dem sinkenden Angebot an Arbeitskräften insgesamt sinkt auch das Angebot an Fachkräften, und das, obwohl der Bedarf in den Unternehmen steigt.

Die Zahlen hinter dieser Einschätzung sind nicht wegzudiskutieren: Unter der Annahme, dass es zu keinerlei Wanderungen kommen wird und die Erwerbsbeteiligung und die Lebensarbeitszeiten konstant bleiben, wird sich das inländische Potenzial an Erwerbspersonen – also Menschen, die grundsätzlich in der Lage sind, zu arbeiten – um 6,5 Millionen verringern.

Die ersten konkreten Folgen spürt die Wirtschaft schon jetzt. Zunehmend klagen Firmen darüber, dass sie bestimmte Stellen für hochqualifizierte Mitarbeiter nicht oder erst nach langem Suchen besetzen können. Und das betrifft keineswegs nur die häufig zitierten Ingenieurs-Berufe. Auch im Gesundheitswesen, in technischen Berufen, in der Metallverarbeitung sind Fachkräfte in bestimmten Regionen bereits Mangelware. Die Einschränkung „in bestimmten Regionen“ ist notwendig, denn einen flächendeckenden Fachkräftemangel gibt es aktuell nicht. Die Situation wird sich jedoch von Jahr zu Jahr verschärfen, wenn nicht jetzt gegengesteuert wird.

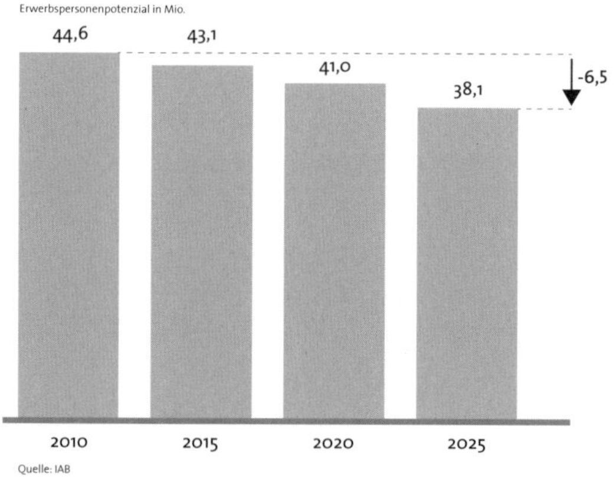

Abbildung 1: Das inländische Arbeitskräftepotenzial verringert sich demografiebedingt immer weiter.

A. Offene Stellen signalisieren einen funktionierenden Arbeitsmarkt

Dazu hat der konjunkturelle Aufschwung der vergangenen zwei Jahre beigetragen. Die Nachfrage nach Arbeitskräften war – für viele Experten unerwartet stark – angestiegen. Der BA-Stellenindex BA-X erreicht nach den krisenbedingten Rückgängen der Jahre 2008/2009 einen neuen Höchststand 2011. Die gesamtwirtschaftliche Nachfrage nach Arbeitskräften überstieg die Millionenmarke. Bei der Interpretation dieser Werte ist jedoch Vorsicht geboten: Viele freie Stellen in Deutschland (= Fachkräftebedarf) bedeuten nicht automatisch einen Mangel an entsprechenden Fachkräften. Offene Stellen sind vielmehr Kennzeichen eines funktionierenden Arbeitsmarktes. Erst wenn die Besetzung nicht zum gewünschten Zeitpunkt erfolgen kann, Angebot und Nachfrage also auf Dauer nicht zusammenkommen, macht es Sinn, von Engpässen zu reden.

Eine klare Beurteilung, ob Fachkräftemangel in einzelnen Berufen oder Branchen vorliegt, ist nicht einfach. Aus individueller betrieblicher Sicht könnte beispielsweise schon ein „Mangelgefühl" auftreten, wenn statt 30 Bewerbungen auf eine ausgeschriebene Stelle im Jahr 2006 heute vielleicht nur noch zehn Bewerbungen eingehen. Ein Bewerber würde aber höchstwahrscheinlich dieselbe Situation ganz anders einschätzen. Den einen objektiven „Fachkräftemangelindikator" gibt es nicht. Hinweise auf schwer zu deckende Bedarfe für Fachkräfte in bestimmten Berufen beziehungsweise Berufsfeldern können sich jedoch aus der Gesamtschau verschiedener Quellen ergeben, zum Beispiel aus der Entwicklung der Vakanzzeit gemeldeter Arbeitsstellen, des Verhältnisses von gemeldeten Stellen und der Zahl der Arbeitslosen als auch der Entwicklung der Ausbildungsleistung in einzelnen Berufsfeldern.

Vor diesem Hintergrund gibt es aktuell in fünf Berufsgruppen sehr deutliche Anzeichen für einen Fachkräftemangel:

- Maschinen- und Fahrzeugbauingenieure
- Elektroingenieure
- Ärzte
- examinierte Gesundheits- und Krankenpflegefachkräfte
- examinierte Altenpflegefachkräfte

Der Fachkräftemangel bei Maschinen- und Fahrzeugbauingenieuren fokussiert sich besonders auf die drei Bundesländer Baden-Württemberg, Bayern sowie Hamburg. Hier gibt es aufgrund der Wirtschaftsstruktur einen überdurchschnittlichen Bedarf an Ingenieurfachkräften (Automobilstandorte Stuttgart, München, Ingolstadt, Luftfahrtindustrie in Hamburg). Bei Elektroingenieuren ist ein Fachkräftemangel insbesondere in Baden-Württemberg und Hamburg festzustellen.

Abbildung 2: Bereits heute gibt es bei bestimmten Ingenieursdisziplinen einen Mangel – besonders im Süden Deutschlands.

In den Gesundheits- und Pflegeberufen kann von einem flächendeckenden Fachkräftemangel ausgegangen werden. Gemeldete Stellen für Ärzte haben die längsten Vakanzzeiten aller Berufsgruppen. Insbesondere in ländlichen Gebieten und in staatlichen Krankenhäusern bleiben zunehmend Stellen unbesetzt. Außer in Hamburg und Berlin sind in allen Ländern Engpässe vorhanden.

Auch bei den nichtakademischen Gesundheitsberufen (examinierte Gesundheits- und Krankenpfleger/Altenpfleger) ist in allen Bundesländern ein Mangel an Fachkräften zu verzeichnen. Sowohl der medizinische Fortschritt als auch der momentan erst am Beginn stehende demografische Wandel haben den Fachkräftebedarf in der Gesundheitsbranche dynamisch wachsen lassen.

Insbesondere im Altenpflegebereich haben die Ausbildungskapazitäten mit dieser Entwicklung nicht Schritt gehalten.

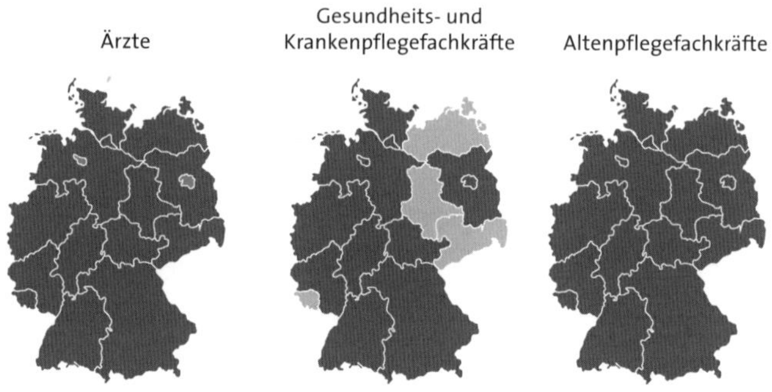

Fachkräftemangel (Vakanzzeit liegt mind. 40% über dem Bundesdurchschnitt aller Berufe und es gibt weniger als 150 Arbeitslose je 100 gemeldete Stellen oder es gibt weniger Arbeitslose als gemeldete Stellen)

Anzeichen für Fachkräfteengpässe (Vakanzzeit ist über dem Bundesdurchschnitt aller Berufe und es gibt weniger als 300 Arbeitslose je 100 gemeldete Stellen)

keine Engpässe (Vakanzzeit ist unter dem Bundesdurchschnitt aller Berufe oder es gibt mehr als 300 Arbeitslose je 100 gemeldete Stellen)

Durchschnitte Juli 2010 bis März 2011

Abbildung 3: Fachkräfteengpässe bei Gesundheitsberufen in nahezu allen Bundesländern.

B. Langfristig werden immer mehr Akademiker gesucht

Im Unterschied zu dieser aktuellen Betrachtung ist die Entwicklung in der langfristigen Perspektive zu sehen. Fest steht, dass die Bevölkerung insgesamt zuerst deutlich älter wird und dann zahlenmäßig abnimmt:

- Bis 2040 wird die bundesdeutsche Bevölkerung um fast acht Millionen Menschen oder 9,5 Prozent schrumpfen.
- Dabei gibt es deutliche Unterschiede nach Bundesländern und Regionen. Die Bevölkerung in Ostdeutschland wird relativ stärker zurückgehen als in Westdeutschland (Osten minus 18 Prozent; Westdeutschland minus 7 Prozent)
- Etwa jeder sechste Erwerbstätige war 2009 nach Erhebungen des Mikrozensus 55 Jahre oder älter

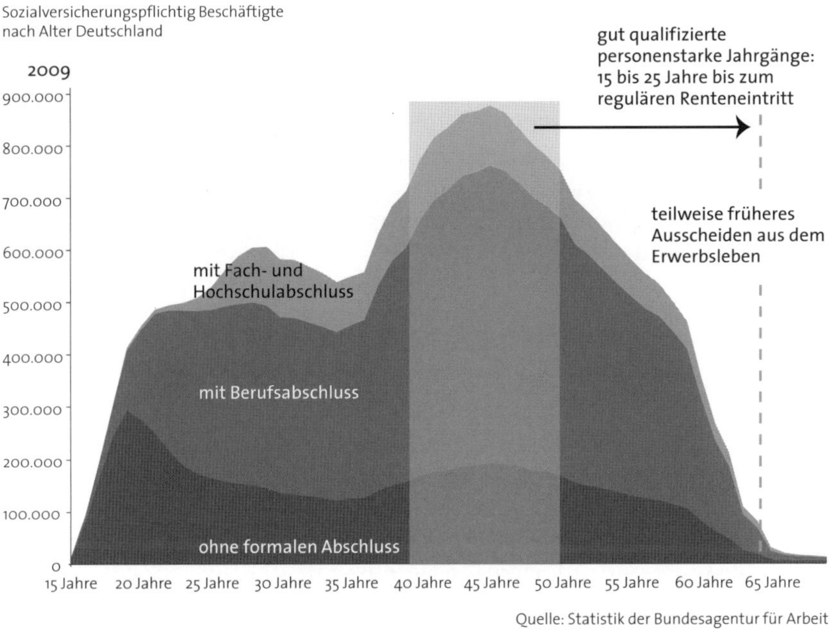

Abbildung 4: Die geburtenstarken Jahrgänge gehen in den nächsten 15 bis 25 Jahren in den Ruhestand.

In den kommenden Jahren werden also die gut qualifizierten, geburtenstarken Jahrgänge sukzessive in den Ruhestand eintreten. Gleichzeitig kommen zahlenmäßig kleinere Jahrgänge nach. Das heißt zum einen, dass sich die Altersstruktur verschiebt, zum anderen aber auch, dass eine gute Qualifikation der jüngeren Generationen umso wichtiger wird.

Der demografische Wandel schlägt sich in den Berufsgruppen unterschiedlich stark nieder:

- Ein Vergleich zeigt einen besonders hohen prozentualen Ersatzbedarf bei Lehrern sowie Ärzten und Apothekern, wo etwa jeder Vierte in den nächsten zehn Jahren in den Ruhestand eintreten wird.

- Von den erwerbstätigen Ingenieuren waren 2009 17 Prozent bereits 55 Jahre oder älter.

- Vergleichsweise gering ist der relative Anteil der Älteren in den naturwissenschaftlichen Berufen (11,1 Prozent) oder bei Maschinenbau- und Wartungsberufen (12,4 Prozent).

- Auch in den Gesundheitsberufen (Gesundheits- und Krankenpfleger, Therapeuten und medizinische Assistenzkräfte) ist der demografisch bedingte Ersatzbedarf zwar mit einem Anteil von 10,1 Prozent vergleichsweise niedrig. In den Gesundheits- und Pflegeberufen kann aber mit Sicherheit davon ausgegangen werden, dass aufgrund der älter werdenden Bevölkerung ein über den Ersatzbedarf weit hinaus gehender Kräftebedarf entsteht. Schätzungen von Experten reichen deshalb bis hin zu 200.000 fehlenden Pflegefachkräften im Jahr 2025.

Als weiterer wichtiger Mega-Trend ist die Akademisierung der Arbeitswelt zu berücksichtigen. Im vergangenen Jahrzehnt stieg die Zahl der sozialversicherungspflichtig beschäftigten Akademiker um rund ein Viertel, wohingegen der Bedarf an Geringqualifizierten kontinuierlich zurückgeht. Hierin wird der Strukturwandel am Arbeitsmarkt hin zu einer Wissens- und Informationsgesellschaft deutlich. Der Bedarf an gut qualifizierten Beschäftigten wird deshalb auch in der Zukunft weiter steigen.

Prognosen verschiedener Institute sagen daher deutliche Fachkräfteengpässe voraus. Eine McKinsey-Studie rechnet mit 2 Millionen fehlenden Fachkräften bis zum Jahr 2020. Das Prognos-Institut veranschlagt

Indizierte Entwicklung der sozialversicherungspflichtig Beschäftigten nach Qualifikationsniveau
Deutschland 2000 bis 2010 (Jahr 2000 = 100)

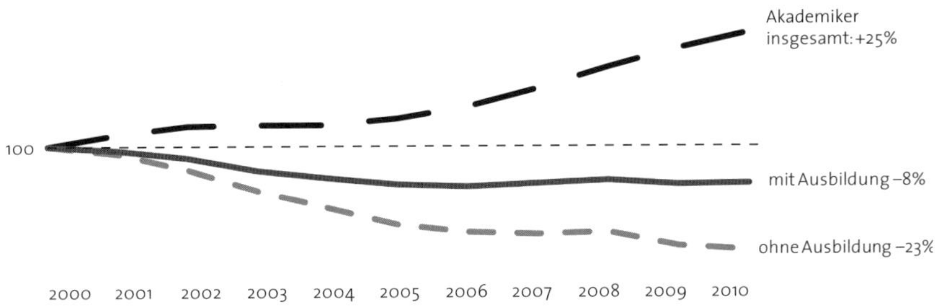

Quelle: Statistik der Bundesagentur für Arbeit

Abbildung 5: Akademiker sind zunehmend gefragt, ungelernte Kräfte immer weniger.

bis zum Jahr 2030 eine sogenannte „Fachkräftelücke" von 5,2 Millionen Personen, davon 2,4 Millionen Akademiker und 600.000 Geringqualifizierte.

Ein Fachkräftemangel ist allerdings wissenschaftlich nicht das einzig zwingende Szenario. Es kann auch zu einer Schrumpfung der Wirtschaft kommen. Denn die Kapital- und Gütermärkte einer Volkswirtschaft und folglich auch die Arbeitsnachfrage passen sich zumindest zeitverzögert an das Erwerbspersonenpotenzial an. Einfach gesagt: Gelingt es Unternehmen nicht, sich am angestammten Sitz mit Arbeitskräften zu versorgen, verlagern sie die Aufgaben dorthin, wo sie das notwendige Personal finden. Im Ergebnis schrumpft dann die deutsche Volkswirtschaft. Folge wäre eine weitere Belastung der Sozialsysteme und eine Verteuerung der Arbeit.

C. Was an inländischem Potenzial zu aktivieren ist

Was können wir heute tun, um der Gefahr zukünftiger Fachkräfteengpässe entgegenzuwirken?

Es gilt zunächst sicherzustellen, dass keine der nachrückenden Generationen dem Arbeitsmarkt verloren geht. Es muss gelingen, dass jeder junge Mensch einen Schulabschluss erlangt und ebenso erfolgreich eine Berufsausbildung oder ein Studium absolviert. Noch immer ist die Zahl beispielsweise der Schulabbrecher mit über 60.000 pro Jahr erschreckend hoch. Gleichzeitig gilt es, das Potenzial älterer Arbeitskräfte zu erhalten und zu nutzen und Frauen vermehrt dafür zu gewinnen, am Erwerbsleben teilzunehmen.

Dem Fachkräftemangel kann in Deutschland nur wirksam durch einen Politikmix aus Mobilisierung von Beschäftigungspotenzialen begegnet werden. Die BA hat hierzu zehn zentrale Handlungsfelder ermittelt.

1. *Schulabgänger ohne Abschluss reduzieren und Übergänge in den Beruf verbessern:* Wenn es gelänge, die heutige Quote der Schüler, die ohne Abschluss die Schule verlassen, um 10 bis 50 Prozent zu senken, wäre mit einem zusätzlichen Fachkräfteangebot von 0,05 bis 0,3 Millionen Personen zu rechnen.

2. *Ausbildungsabbrecher reduzieren:* Die Quote vorzeitig gelöster Ausbildungsverträge liegt heute bei knapp über 20 Prozent – etwa die Hälfte der Abbrecher beginnt auch keine neue Ausbildung mehr. Gelänge eine Rückführung der Abbrecherquote um 10 bis 50 Prozent, entspräche dies 0,1 bis 0,3 Millionen zusätzlichen Fachkräften bis 2025.

3. *Studienabbrecher reduzieren:* Die Nachfrage nach hochqualifizierten Akademikern wird weiter steigen. Eine Reduzierung der Studienabbrecherquote um 10 bis 50 Prozent brächte 0,1 bis 0,6 Millionen zusätzliche Akademiker.

4. *Erwerbspartizipation und Lebensarbeitszeit von Menschen über 55 erhöhen:* Durch den demografischen Wandel verändert sich der Aufbau der Alterspyramide. Eine Erhöhung der Erwerbstätigenquote der über 55-Jährigen würde 0,5 bis 1,2 Millionen zusätzliche Vollzeitäquivalente für den Arbeitsmarkt aktivieren. Die bereits beschlossene Erhöhung der Regelaltersgrenze auf 67 Jahre wird dazu führen, dass bis zum Jahr 2025 ein zusätzliches Erwerbspersonenpotenzial von geschätzten 930.000 Personen verfügbar sein wird.

5. *Erwerbspartizipation und Arbeitszeitvolumen von Frauen steigern:* Im internationalen Vergleich bestehen in Deutschland noch Potenziale bei der Erwerbsbeteiligung der Frauen insgesamt, aber auch dem Arbeitszeitvolumen von teilzeitbeschäftigten Frauen. Gelänge es, diese Potenziale zu erschließen, entspräche dies 0,4 bis 0,9 Millio-

nen Fachkräften bei der Erwerbspartizipation und 0,3 bis 1,2 Millionen Vollzeitäquivalenten durch die Steigerung des Arbeitszeitvolumens von Frauen.

6. *Zuwanderung von Fachkräften steuern:* Durch eine gesteuerte Zuwanderung erscheint die Gewinnung von 0,4 bis 0,8 Millionen zusätzlichen Fachkräften aus dem Ausland realisierbar, sofern die Attraktivität Deutschlands als Einwanderungsland durch die Etablierung einer umfassenden Willkommenskultur erhöht wird.

   Allein durch die Erweiterung der Arbeitnehmerfreizügigkeit seit dem 1. Mai 2011 werden sich die Engpässe bei den Fachkräften in Deutschland nicht beheben lassen. Deutschland ist schon länger nicht mehr das bevorzugte Land für gut ausgebildete Fachkräfte aus Osteuropa. Diese bevorzugen wegen der Sprache eher Großbritannien, Irland und auch Schweden, zumal sie hier bereits auf bestehende Migrationsnetzwerke zurückgreifen können.

   Neben jungen und gut qualifizierten Osteuropäern werden auch gering Qualifizierte kommen, die in ihren Heimatländern chancenlos sind. Diese Entwicklung erhöht den Druck auf die gering Qualifizierten, die bereits in Deutschland leben, auch wenn die gesamte Zuwanderung für die deutsche Wirtschaft positiv wirkt.

7. *Arbeitszeit von Beschäftigten in Vollzeit steigern:* Zusätzlich geleistete Arbeitsstunden entsprechen im Effekt zusätzlichen Vollzeitäquivalenten. Gelänge hier eine auf Freiwilligkeit beruhende Verlängerung – beispielsweise durch entsprechende Anreize – würde dies 0,4 bis 1,1 Millionen zusätzlichen Vollzeitäquivalenten für den Arbeitsmarkt entsprechen.

8. *Qualifizierung und Weiterbildung vorantreiben:* Derzeit beträgt der Anteil der Qualifizierten am Erwerbspersonenpotenzial circa 83 Prozent. Durch eine Reduzierung des Anteils der Geringqualifizierten um 10 bis 20 Prozent könnten 0,4 bis 0,7 Millionen zusätzliche Fachkräfte gewonnen werden.

9. *Arbeitsmarkttransparenz erhöhen:* Hier ist kein unmittelbarer Effekt zu erwarten, der sich in Kopfzahlen messen ließe. Doch eine verbesserte Arbeitsmarkttransparenz könnte zu kürzeren Vakanzzeiten und stärker potenzialadäquater Beschäftigung von Arbeitnehmern beitragen.

10. *Flankierende Maßnahmen im Steuer- und Abgabenbereich prüfen:* Schließlich wäre zu prüfen, inwieweit Maßnahmen im Steuer- und Abgabenbereich realisierbar sind, um die Aufnahme von Arbeit oder die Leistung zusätzlicher Arbeitsstunden für die Beschäftigten noch attraktiver zu machen.

Potenzial 2025[1], in Mio. Personen/Vollzeitäquivalenten

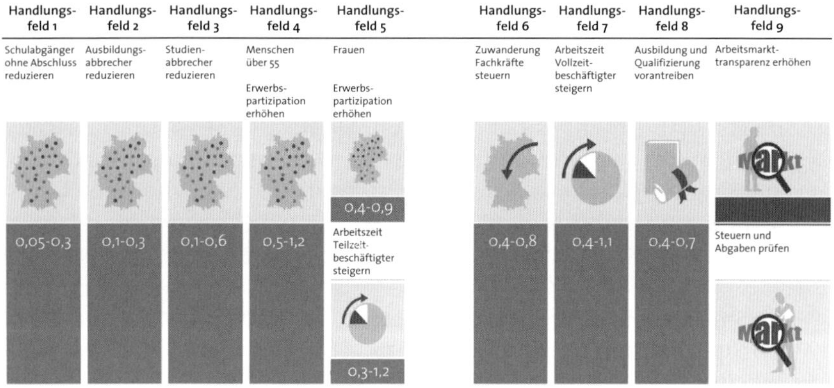

[1]Geschätzte Steigerung des Angebots (zusätzliche Fachkräfte/Vollzeitäquivalente): untere Grenze i.d.R. Verbesserung um 10 % gegenüber der Ausgangslage; untere Grenze bei „Arbeitszeit/Vollzeitbeschäftigte": Detaillierung der Berechnungen im Text

Quelle: Perspektive 2025: Fachkräfte für Deutschland, 2011

Abbildung 6: Im Mittelpunkt der Anstrengungen zur Steigerung des Fachkräfteangebots stehen zehn Handlungsfelder.

Um Missverständnissen vorzubeugen: Selbst wenn es gelingt, das inländische Potenzial weitgehend zu heben, wird der aufkommende Fachkräftemangel damit nicht zu beseitigen sein. Deutschland braucht eine gezielte Zuwanderung. Wir haben jedoch im Jahr 2011 gesehen, wie schwer sich dieses Vorhaben in die Tat umsetzen lässt. Die größte Hürde ist für viele Interessenten die deutsche Sprache. Aber auch ungeklärte Integrationsfragen lassen viele Menschen vor einer Zukunft in Deutschland zurückschrecken. Wir müssen daher eine Kultur des Willkommens und des Miteinanders schaffen. Hier sind auch die Unternehmen gefordert, die Bewerbern nicht nur ein attraktives Arbeitsumfeld schaffen, sondern auch die gesellschaftliche und soziale Integration zu ihrem Thema machen müssen.

„Kein Phantomleiden, sondern echte Schmerzen" – Eine volkswirtschaftliche Einordnung des Fachkräftemangels

Ein Interview mit dem Arbeitsmarktforscher Herbert Brücker

Herr Professor Brücker, wir fragen Sie direkt: Gibt es den beschworenen Fachkräftemangel oder nicht?

Wir müssen Vergangenheit und Zukunft unterscheiden, also einen gegenwärtigen Engpass bei der Rekrutierung von Arbeitnehmern und die bevorstehende Dynamik des demografischen Wandels. Das Arbeitsangebot war 2010, dank Baby-Boomern und einer steigenden Erwerbsbeteiligung von Frauen, so groß wie noch nie in der deutschen Wirtschaftsgeschichte. Zudem spielen die steigende Arbeitsnachfrage durch die günstige konjunkturelle Entwicklung und die Hartz-IV-Reformen eine wichtige Rolle. Die Anreize zur Aufnahme von Arbeit wurden verbessert und das Lohnwachstum fiel moderat aus, was die Wettbewerbsfähigkeit der deutschen Wirtschaft im internationalen Vergleich verbesserte. Im Ergebnis gibt es heute rund 1 Million offene Stellen bei einer Arbeitslosigkeit von knapp 3 Millionen Personen pro Jahr. Arbeitslosigkeit und Unterbeschäftigung bestehen gleichzeitig mit einer steigenden Zahl an offenen Stellen, die nicht besetzt werden können.

Wie erklärt sich dieses Phänomen von Arbeitslosigkeit und gleichzeitigem Fachkräftebedarf? Sind die Märkte zu unflexibel?

Der Schlüsselbegriff zum Verständnis dieses Phänomens ist der Mismatch. Leider passen auf dem Arbeitsmarkt Angebot und Nachfrage nie exakt zueinander. Bereits regional gibt es erhebliche Unterschiede. Boomregionen wie Süddeutschland, das Rhein-Main-Gebiet oder einige industrielle Ballungszentren in Nordrhein-Westfalen haben heute schon Schwierigkeiten bei der Stellenbesetzung. Von qualifikatorischem Mismatch sprechen wir, wenn wir für bestimmte Qualifikationen oder Berufe keine Arbeitskräfte finden. Plastisch ausgedrückt: Nicht jeder Arbeitslose ist Ingenieur, und nicht jeder arbeitslose Ingenieur passt auf ein ausgeschriebenes Ingenieursprofil. Aber es wird immer offene Stellen geben, alleine aus zeitlichen Gründen. Es kann auch sein, dass eine Stelle nie besetzt werden kann, weil sich einfach die passende Person dafür nicht findet. Das sind ganz normale Vorgänge in der Volkswirtschaft, über die vielleicht nicht viel nachgedacht wird, die aber immer präsent sind. Zweifellos verschieben sich die Gewichte auf dem Arbeitsmarkt zu Gunsten der Arbeitnehmer und zu Lasten der Unternehmen, was für viele Unternehmen Neuland ist. Stellen ohne lange Suche und hohe Kosten besetzen zu können war Jahrzehnte Normalität. Es handelte sich aber nicht um Normalität, sondern einen für die Arbeitgeber günstigen Zustand, den die günstige wirtschaftliche Entwicklung ein Stück weit umkehrt. Diese zunehmende Spannung im Arbeitsmarkt wird von Unternehmen als Fachkräftemangel wahrgenommen.

Ökonomen argumentieren, dass die Lohnentwicklungen der vergangenen Jahre keine Indizien für die Wende von einem Arbeitgeber- zu einem Arbeitnehmermarkt liefern. Sehen Sie diesbezüglich eine Trendumkehr?

Für die Vergangenheit ist diese Beobachtung richtig. Die Reallöhne stagnierten in Deutschland in vielen Branchen, und bei Arbeitnehmern mit mittleren beziehungsweise geringen Qualifikationen sind sie sogar gesunken. Nur Hochschulabsolventen konnten ihr Einkommen steigern. Setzt sich der Aufschwung fort, wird es zu einer Trendumkehr kommen und die Löhne werden steigen. Das heißt aber nicht, dass ein verbessertes Lohnangebot oder übertarifliche Bezahlung automatisch Fachkräfte bescheren. Hier greift wieder der Mismatch, dass sich eben für viele Positionen doch nicht die geeigneten Bewerber finden. Natürlich zieht das volkswirtschaftliche Kosten nach sich, lässt sich aber nicht vollständig aus der Welt schaffen.

Woran erkennt ein Unternehmen denn, ob es sich um einen gewöhnlichen Mismatch handelt oder die Nicht-Besetzung einer Stelle wirklich ein Signal für die Ausläufer eines strukturellen Fachkräftemangels ist?

Wenn ein Unternehmen keine Fachkraft findet, hat es zunächst einmal einen Mangel. Trotz dieses Phänomens haben wir gleichzeitig Arbeitslosigkeit, was für das öffentliche Verständnis vielleicht schwierig ist. Entscheidend ist, dass dieser Mangel im Moment noch nicht damit zusammenhängt, dass das Arbeitsangebot zurückgeht. Das Arbeitsangebot ist im Moment auf einem historischen Hochstand. Der Preis für Arbeit war in der Vergangenheit relativ gering im Vergleich zu jenen Preisen, die die Unternehmen auf den Gütermärkten realisieren konnten. Dadurch schaffen sie mehr Stellenangebote als unmittelbar besetzt werden können; es handelt sich also um kein Phantomleiden, sondern schmerzt echt. Aber es ist noch nicht Ausdruck eines zurückgehenden Arbeitsangebotes, sondern eben einer brummenden Konjunktur, wie wir sie schon lange nicht mehr hatten.

> „Jeweils knapp die Hälfte der befragten Unternehmen gibt an, bereits heute akut von Fachkräftemangel betroffen zu sein beziehungsweise einen Mangel bei bestimmten Berufen/ Funktionen in absehbarer Zeit zu erwarten.“

Welche Rolle spielt die – eingeschränkte – Mobilität von Bewerbern innerhalb Deutschlands und welche Chancen eröffnet der Zuzug ausländischer Fachkräfte?

Tatsächlich ist die regionale Mobilität in Deutschland, verglichen mit angelsächsischen Ländern wie den USA oder Großbritannien, relativ gering ausgeprägt. Die Ursachen sind nicht eindeutig. Ein Erklärungsansatz geht dahin, dass deutsche Unternehmen Hemmnisse haben, Arbeitslose aus anderen Regionen einzustellen: Ein baden-württembergischer Maschinenbauer ist nicht unbedingt bereit, einen arbeitslosen Industriearbeiter aus Berlin zu beschäftigen, da dessen Arbeitslosigkeit als negatives Signal für eine erfolgreiche Anstellung – auch in einem anderen Umfeld – gedeutet wird. Arbeitslosigkeit, insbesondere Langzeitarbeitslosigkeit, haftet auf der Nachfrageseite immer noch ein Stigma an. In solchen Fällen haben Migranten mit schlüssigeren Erwerbsbiografien die besseren Karten.

Was hindert eventuell Unternehmen, wenn der Markt bestimmte Qualifikationen nicht hergibt, eigene Mitarbeiter zu qualifizieren? Oder ist es in diesem Fall leichter, gleich ganze Abteilungen mit Schlüsselfunktionen, etwa in der Forschung, auszulagern?

Wir haben in Deutschland ein zwiespältiges Bild. Wir haben eine international angesehene berufliche Ausbildung, die auch Facharbeiter befähigen sollte, ihr Anforderungsprofil ohne umfangreiche Weiterbildungsmaßnahmen anzupassen. Es gibt zwar Stimmen, die eine zu starke Spezialisierung kritisieren. Die Forschungsergebnisse aus unserem Institut deuten aber eher darauf hin, dass gerade die Allgemeinbildung und umfassende berufliche Ausbildung sehr gut sind und flexibel machen. Weniger positiv sind die Investitionen deutscher Unternehmen in Weiterbildung, die im Ländervergleich sehr viel geringer ausfallen als in Skandinavien oder auch in Frankreich. Interessant sind dabei Hinweise aus der betrieblichen Forschung, dass Unternehmen mit Rekrutierungsproblemen vermehrt in Weiterbildung investieren.

Wie wird sich die Heraufsetzung der Lebensarbeitszeit nach Ihrer Einschätzung in puncto Weiterbildung niederschlagen?

Die Forschung widerlegt eindeutig das weit verbreitete Vorurteil, dass die Produktivität der Arbeitnehmer mit dem Alter abnimmt. Sogar bei produzierenden Tätigkeiten kann gezeigt werden, dass die Fehlerquote älterer Arbeitnehmern geringer ist als jene jüngerer Kollegen. Ältere machen zwar mehr kleine Fehler, weil etwa die Fähigkeit zur Konzentration nachlässt. Mit ihrem Erfahrungswissen vermeiden sie jedoch gravierende Fehler, die Produktivität fällt letztlich höher aus. Für intellektuelle Tätigkeiten gilt dies ohnehin. Wenn unsere Produktivität also nicht per se abnimmt, kann fortlaufende Fortbildung dies unterstützen. In meiner Tätigkeit der Wissenschaft besteht auch die Notwendigkeit, sich ständig weiterzuentwickeln, neue Methoden und Theorien zu adaptieren. Das müssen aber nicht immer ausdrücklich Weiterbildungen sein. Wir schicken beispielsweise unsere Mitarbeiter auf Summer Schools, Workshops etcetera – diese Dinge sind, ohne dass sie in der Statistik sichtbar würden, in den beruflichen Prozess integriert. So stelle ich mir die Zukunft der Arbeit vor, permanent weiterbilden, on the job.

Weniger abgekapselt und mit Anbindung an den Arbeitsplatz ...

So ausschließlich meine ich das nicht! Es kann durchaus sinnvoll sein, seine Mitarbeiter vier Wochen auf eine Summer School nach Harvard zu schicken, um eine neue ökonometrische Methode zu erlernen, die in unserem Institut nicht vermittelt werden kann. Das ist allemal billiger als einen teuren Harvard-Absolventen einzukaufen. Wir brauchen beides: Bildung on the job und komplementäre Ideen von außen. Schwieriger wird es bei einem Strukturwandel, wenn Unternehmen schließen oder sich großen Umstrukturierungen unterwerfen und damit völlig neue Anforderungen auftauchen. In solchen Situationen verlieren wir in Deutschland dauerhaft Menschen für das Erwerbsleben, mit lediglich beschränkten Aussichten, in den Job zurückzufinden. Wenn sich Personen zu lange außerhalb des Erwerbslebens befinden, sind in Deutschland die Hürden für eine Rückkehr – gerade für ältere Arbeitnehmer – sehr hoch.

Ältere, Arbeitslose, Behinderte oder Frauen werden – etwas uncharmant – oft als „Arbeitsmarktpotenziale“ bezeichnet. Wie groß sehen Sie die Chance, dadurch die demografiebedingten Umbrüche abzufedern. Reicht das quantitativ?

Es reicht nicht. Wir können gut voraussagen, wie sich Altersstruktur und Umfang unserer Bevölkerung verändern, mit Ausnahme der Migration, weil wir die zukünftigen Wanderungsströme nicht kennen. Klammern wir Zu- oder Rückwanderungen völlig aus, würden wir bis zum Jahre 2050 rund 40 Prozent unserer Erwerbspersonen verlieren, eine konstante Erwerbsbeteiligung und ein konstantes Renteneintrittsalter vorausgesetzt. Das entspräche einem Rückgang der Erwerbspersonen von gegenwärtig 45 Millionen auf etwa 27 Millionen Personen. Eine höhere Erwerbsbeteiligung von Frauen oder anderer inländischer Potenziale allein vermag diesbezüglich nur begrenzt etwas auszurichten. Eine steigende Erwerbsbeteiligung von Frauen sowie eine Verlängerung der Lebens- und Wochenarbeitszeiten würde nach Modellrechnungen die Zahl der Erwerbspersonen im Jahr 2050 um rund 2 Millionen Menschen steigern. Das schließt schon die Rente mit 67 ein. Deutlich größer ist der Hebel durch Zuwanderung. Eine Nettozuwanderung von rund 100.000 Personen pro Jahr beeinflusst das Erwerbspersonenpotenzial auf zwei Wegen: Zum einen wächst die Bevölkerung, zum anderen sind die zuwandernden Migranten in der Regel sehr viel jünger als der Durchschnitt der Bevölkerung. Beide Effekte würden das Erwerbspersonenpotenzial erneut um rund 4 Millionen Personen steigern, bei einer Nettozuwanderung von 200.000 Personen um rund 8 Millionen Personen. Alle Faktoren zusammengenommen, wäre es möglich, den demografiebedingten Rückgang an Erwerbspersonen auf „nur noch" 10 Millionen Personen zu halbieren. Das ist immer noch eine große Aufgabe.

> „Mehr als drei Viertel der Unternehmen erwarten künftig als Folge des demografischen Wandels eine signifikante Verschärfung des Fachkräftemangels."

Wodurch werden die fehlenden Erwerbspersonen kompensiert, oder ist „kompensiert" der falsche Ausdruck? Produktivitätszuwachs oder neue Technologien verändern die Arbeitswelt ebenfalls.

Der Produktivitätsfortschritt in Deutschland, aber auch in allen anderen OECD-Ländern, sinkt tendenziell. Das hat auch mit dem Trend zugunsten der Dienstleistung zu tun, bei denen der Produktivitätsfortschritt deutlich geringer als etwa in der Industrie ausfällt. Beispielhaft kann dafür die Altenpflege stehen, eine Zukunftsbranche mit hohen Wachstumsraten, aber geringen Spielräumen für Produktivitätsfortschritt. Volkswirtschaftlich gesehen werden die Produktivitätszuwächse der Industrie dadurch aufgezehrt. Durch technischen Fortschritt den Rückgang bei den Erwerbspersonen zu kompensieren ist daher eine Illusion. Überhaupt: Es ist nicht per se gravierend, weniger Erwerbspersonen zu haben. Dann haben wir eben weniger Leute, die hier arbeiten. Das Bruttoinlandsprodukt wird zwar insgesamt im Vergleich zu einer Situation mit einer konstanten Zahl an Erwerbspersonen sinken, aber pro Erwerbstätigen konstant bleiben. Die Herausforderung liegt vornehmlich in der Konstruktion der sozialen Sicherungssysteme. Kinder werden in Familien durch Subsistenzbeziehungen finanziert, Ältere durch staatliche Leistungen, die von Erwerbstätigen erbracht werden. Bei einem gleichbleibenden BIP pro Erwerbstätigen stellen sich damit ganz neue Verteilungsfragen: Immer weniger Erwerbstätige müssen immer mehr Nicht-Erwerbstätige finanzieren.

Und diese Situation ist für uns durchaus neu ...

Richtig, es gibt keinen historischen Präzedenzfall, auf den wir zurückgreifen könnten. Natürlich, in Ostdeutschland wird dies an manchen Stellen heute bereits vorweggenommen. In Brandenburg müssen Schulen zurückgebaut, Klassen halbiert oder ganz geschlossen werden. Solche Fälle werden zunehmen – wenn auch nicht überall in Deutschland. Meine Erwartung ist, was umstritten ist, dass mit dem Rückgang der Zahl der Erwerbspersonen auch der Kapitalstock schrumpft. Betrieblich kann man sich das so vorstellen: Wir haben weniger Arbeitskräfte zur Verfügung bei gleichem Maschinenpark. Folglich sinken meine Gewinne, was zur Anpassung meines Kapitalstocks führt. Das passiert quasi von alleine und schrittweise, Jahr für Jahr durch etwas geringere Investitionen. Eine weitere Alternative ist die Verlagerung von Produktivitätskapazitäten in Länder, die weniger stark vom demografischen Wandel betroffen sind. Da wir am unteren Ende der Reproduktionsrate liegen, ist Deutschland – und Japan noch krasser – stark betroffen. Meine Erwartung ist, dass sich dadurch Kapital in weniger stark betroffene Länder verlagern wird und wir damit beispielsweise den demografischen Wandel der USA abfedern, möglicherweise auch in Schwellenländern mit einer günstigeren demografischen Struktur wie in Nordafrika und im Nahen Osten. Die Kapitalausstattung pro Kopf, pro Erwerbstätigen würde die Gleiche bleiben, die Volkswirtschaft aber mit der Bevölkerung schrumpfen.

Wenden wir uns dem „War for Talents“ zu. Auch andere Industrienationen stehen auf absehbare Zeit vor der Demografiefrage. Kann Deutschland aus einem internationalen Wettbewerb um Talente überhaupt erfolgreich hervorgehen?

Für den Talentwettbewerb sehe ich bei Deutschland Chancen. Im europäischen Vergleich sind die Einkommensdifferenzen nach wie vor sehr hoch. Um ein Beispiel zu nennen: Das Pro-Kopf-Einkommen in Polen ist genauso hoch wie das in Mexiko. Aber wir haben im Gegensatz zu Nordamerika die Freizügigkeit, die USA bauen Zäune.

Wobei die Freizügigkeit bisher zu keinen Migrationsströmen aus den osteuropäischen Ländern geführt hat.

Das ist richtig. Aber immerhin 4 bis 5 Prozent der polnischen Bevölkerung lebt heute in den alten EU-Staaten. Wir haben den Fehler gemacht, dass wir sehr spät geöffnet haben. Dadurch sind Arbeitskräfte überwiegend nach Großbritannien und Irland gewandert. Daraus kann und sollte man lernen. Wenn wir keine strategische Einwanderungspolitik betreiben und langsamer sind als andere Länder, können wir später nicht einfach den Hebel umlegen, das zeigt dieses Beispiel sehr schön. Die Einkommensdifferenzen hätten uns eigentlich eine gute Ausgangsposition verschafft. Das Pro-Kopf-Einkommen in Polen liegt bei etwa 50 Prozent des Pro-Kopf-Einkommens in Deutschland.[1] Wenn wir weiter östlich gehen, in die Ukraine, nach Russland, Weißrussland, liegt es bei etwa 25 Prozent des deutschen Einkommens. Die nominalen Einkommensdifferenzen sind noch sehr viel höher. Zu laufenden Wechselkursen liegen die Verdienste in Osteuropa bei rund 10 Prozent des deutschen Niveaus.

Der finanzielle Anreiz wäre also groß genug?

Ganz bestimmt. Je größer die Einkommensdifferenzen, umso größer die Wanderungsanreize. Wir sind durch unsere zentrale geografische Lage in der glücklichen Situation, einen Wirtschaftraum mit relativ gut qualifizierter Bevölkerung neben uns zu haben. Teilweise ist das Bildungsniveau in den neuen EU-Mitgliedsstaaten sogar besser als bei der jungen deutschen Bevölkerung. In Russland, Weißrussland und der Ukraine ist es unwesentlich schlechter. Für Deutschland stellt dies ein interessantes Einwanderungspotenzial dar. Allerdings müssen wir bald aktive Zuwanderungspolitik betreiben, da diese Länder selbst sehr stark vom demografischen Wandel betroffen sind. In 20 bis 30 Jahren wird sich dieses Potenzial weitgehend erschöpft haben. Andere Regionen werden dann für uns interessanter, etwa Südostasien und der Mittlere Osten – Nordafrika meiner Einschätzung nach weniger.

Ist es nicht so, dass wir gegenüber den angelsächsischen Ländern den großen Nachteil der Sprache haben?

Leider haben wir dazu keine aktuellen Zahlen. Die Zahlen, die wir haben, stammen aus dem Bevölkerungszensus aus dem Jahre 2000/2001.

1 Anm.: gemessen in Kaufkraftparitäten, also zu gleichen Preisen.

Damals ist es in der Tat so gewesen, dass die angelsächsischen Länder, also USA, Kanada, Australien/Neuseeland, innerhalb der OECD 60 bis 65 Prozent aller ausländischen Migranten mit Hochschulabschluss absorbierten. Der ganze Rest verteilt sich auf die übrigen Länder, darunter Deutschland. Deutschland selbst leidet unter einem Brain Drain, das heißt, wir entlassen mehr Hochschulabsolventen ins Ausland, als wir Ausländern mit Hochschulabschluss hier Heimat bieten. Sicher spielt die Sprache dabei eine wichtige Rolle, aber nicht die einzige. Ich möchte etwa die relativen Einkommen von Hochschulabsolventen hervorheben. Länder mit Universitätssystemen, die sich über Studiengebühren finanzieren, bieten auf dem Arbeitsmarkt für Akademiker traditionell hohe Lohnprämien. In Deutschland fällt der Einkommensabstand zwischen Akademikern und Personen mit abgeschlossener Berufsausbildung moderater aus. In den USA ist dieser Einkommensabstand doppelt bis dreimal so hoch. Das macht es natürlich interessant für junge deutsche Akademiker, deren Ausbildung zu erheblichen Teilen in Deutschland staatlich finanziert wurde, eine hohe Lohnprämie im US-amerikanischen Arbeitsmarkt zu kassieren. Trotzdem haben wir in Deutschland eine günstige Arbeitsmarktlage und zahlen im Durchschnitt relativ hohe Gehälter. Im asiatischen Raum ist das Englische nicht besonders verbreitet, chinesische Studenten müssen sich beide Sprache aneignen. Es gibt also durchaus Potenziale, auch in qualitativer Hinsicht. Bei den Neuzuwanderern nach Deutschland haben inzwischen 40 Prozent einen Hochschulabschluss, nur sind es nach wie vor viel zu wenig Zuwanderer.

Was macht ein Unternehmer, der Akademikern noch höhere Gehälter zahlen möchte, gleichzeitig aber Facharbeiter und Meister sucht? Dann kommt die Wirtschaft von zwei Seiten in die Bredouille.

Eine gute Frage. Ich glaube, dass man da gar nicht so viel tun kann. Die Gehaltsstruktur hat, wie geschildert, viel mit der Finanzierung des Ausbildungssystems zu tun. In den USA kostet ein Studium leicht 40.000 bis 100.000 US-Dollar, das häufig durch Kredite finanziert werden muss. Entsprechend hoch sind später die Erträge des Studiums im Arbeitsmarkt. Das können und sollten wir meiner Meinung nach nicht kopieren. Wir müssen uns im Wettbewerb eher an den skandinavischen Ländern orientieren, also jenen Ländern, die ähnliche Sozialstaaten haben. Es ist völlig richtig, dass wir künftig Fachkräftebedarf nicht nur bei den Hochschulabsolventen, sondern auch bei Personen mit einer beruflichen Bildung haben werden. Nicht in allen diesen Berufen, aber doch sehr vielen. Das gilt sowohl für Facharbeiter in der Industrie als auch für qualifizierte Pflegeberufe wie Krankenschwestern. Das sind alles Berufe, die Qualifikationen verlangen. Das darf man nicht unterschätzen, und auch dort wird – je nachdem, wie sich die relative Nachfrage entwickelt – der Preis der Arbeit steigen.

Ist denn bezogen auf den Mangel an „einfacheren" Qualifikationen nicht gerade der Trend zur Höherqualifizierung – wie von der OECD oft eingefordert – ein falsches Signal?

Da sind wir uns selber unsicher. Klar ist, dass wir weniger Hochschulabsolventen haben als viele andere OECD-Staaten. Wir haben mit der dualen Berufsausbildung aber auch ein außergewöhnliches Ausbildungssystem. Wenn sich die Nachfrage so entwickelt wie in anderen OECD-Staaten, ist es wahrscheinlich, dass Engpässe bei Hochschulabsolventen entstehen. Wenn sich aber die deutsche Industrie so gut schlägt wie im Moment, sind wir dringend auf jene Arbeitnehmer in der Produktion angewiesen. Sie sind die Basis unserer Exportstärke. Sie sehen, dass Schlussfolgerungen aus solchen Bildungsprognosen extrem gefährlich sind. Außerdem ist das Geschehen auf dem Arbeitsmarkt beeinflussbar, zum Beispiel durch die Medien. Massenhafte Berichte über fehlende Ingenieure können zu einer Vielzahl an Studenten in diesem Fach führen, zeitversetzt sehen sich Bewerber und Unternehmen einer Ingenieurschwemme gegenüber. Ich kann mir daher beides vorstellen, da wir künftig zu wenig Hochschulabsolventen und Engpässe bei der Besetzung von Facharbeiterstellen haben werden.

Sie haben vorher von einer Strategie für Einwanderung gesprochen. Können Sie diese genauer beschreiben?

Wenn ich ein bisschen ausholen darf: Es gibt eine Kontroverse darüber, ob Migration eher von der Angebots- oder von der Nachfrageseite gesteuert werden soll. Angebotsseitig hieße, sich klassischer Steuerungsinstrumente wie Punktesysteme zu bedienen, wo Bildung, Ausbildung, Alter und Berufserfahrung in die Bewertung miteinfließen. Die Humankapitaleigenschaften der Migranten werden unter die Lupe genommen. Dahinter steht die Vorstellung, dass die „richtig" ausgewählten Personen produktiv sein und damit dem Gastland nützen werden. Ein Beispiel nachfrageorientierter Steuerung sind H1B-Visa in den USA, also VISA, die von Unternehmen beantragt werden. In diesen Fällen gibt es manchmal einen Arbeitsmarkttest, aber in der Regel setzen die Unternehmen dies durch. Der Bewerber erhält dann eine temporäre Aufenthaltsgenehmigung, die häufig in permanente Genehmigungen umgewandelt werden.

Im zweiten Modell ist also der Bedarf schon da, bevor der Migrant da ist.

Genau. Eine solche Genehmigung wird wahrscheinlich in Regionen und Berufen mit sehr hoher Arbeitslosigkeit versagen. Aber im Grundsatz wird man den beantragenden Unternehmen diese Genehmigung erteilen. In den USA gibt es hierfür Quoten. In Deutschland funktioniert es ähnlich: Nach einer Vorrangprüfung im Arbeitsmarkt kann die Bundesagentur für Arbeit eine Genehmigung erteilen. Die Unternehmen erhalten dann diese Beschäftigten, einige zehntausend Personen jedes Jahr. Das Problem bei der bedarfs- oder nachfrageorientierten Steuerung ist, dass dadurch – demografiebedingt – bei rückgehendem Arbeitsangebot der Kapitalstock und im Zuge dessen auch die Arbeitsnachfrage zurückgeht. Daraus könnte gefolgert werden, dass es eigentlich gar keinen Bedarf gibt, was das Problem nur verschärfen würde. Bereits heute wird so argumentiert: „Wir haben ja noch so viele Arbeitslose, warum sollen wir nicht alle möglichen Arbeitsplätze inländisch besetzen und Zuwanderung drosseln?“ Die Antwort ist, dass dann das Arbeitsangebot weiter zurückgehen, die Arbeitslosigkeit fortbestehen würde und so weiter. Wenn Zuwanderung nach diesem Schema immer weiter in die Zukunft verschoben wird, schauen wir dem demografischen Wandel buchstäblich zu, was gravierend wäre. Zudem hat die bedarfsorientierte Steuerung einen weiteren Nachteil: Ein kurzfristiger Arbeitsmarktbedarf kann sehr schnell obsolet sein. Ein Beispiel: 2000/2002 hatten wir einen vermeintlich großen Bedarf im IT-Sektor. Danach kam die Dot-com-Krise. Solche Schwankungen sind Realität, und wir können Migranten dann nicht sofort wieder nach Hause schicken. Aktuelle Bedarfsanalysen sind daher schlechte Ratgeber für eine strategische, nachhaltig orientierte Einwanderungspolitik. Es gibt wenige Berufe, für die wir verlässlich einen Nachfrageüberschuss feststellen können, beispielsweise die Gesundheits- und Pflegeberufe. Das hat auch mit der Marktsituation zu tun, wo letztlich der Lohn sich nicht frei bildet, sondern durch das System der Krankenkassen und Gesundheitsversorger bestimmt wird.

Sie würden also eher zu einer Zuwanderung tendieren, die auf verallgemeinerbaren Qualifikationen beruht?

Ja, ich glaube, dass die Volkswirtschaft sich langfristig an das Arbeitsangebot anpassen wird. Sollten wir auf einmal viele Hochschulabsolventen haben, dann werden sich um diese Hochschulabsolventen, auch wenn momentan nicht alle „gebraucht“ werden, die entsprechenden Industriezweige bilden. Das meint vielleicht auch die OECD: Wenn es viele Studenten der Bio-Chemie gibt, gibt es irgendwann auch

Bio-Chemiefirmen, wobei es nicht immer nur MINT-Berufe sind, die Beschäftigung schaffen. Wir wissen grundsätzlich, dass Leute mit Hochschulabschluss, aber auch mit sehr qualifizierter Facharbeiterausbildung, weniger häufig arbeitslos sind – auch Migranten. Ein paar Marktelemente, wie die Pflicht zur Vorlage eines Arbeitsvertrages, könnten zumindest belegen, ob wenigstens kurzfristig ein Bedarf vorliegt. Wenn Menschen zu uns kommen, die eine Ausbildung und Beschäftigung haben, das heißt ein geringes Arbeitslosigkeitsrisiko, dann wird sich die Wirtschaft auf mittlere Sicht auf dieses Arbeitsangebot einstellen und diese Leute auch beschäftigen.

Lange Zeit wurde die Migrationsfrage bei uns nur unter dem Gesichtspunkt der Bedrohung diskutiert. Migrationspolitik war lange auf den Schutz des Arbeitsmarktes ausgerichtet. Dahinter stand die falsche Analyse, dass nämlich durch Migration zusätzliche Arbeitslosigkeit entsteht. Unsere empirischen Befunde widerlegen dies. Migration wirkt sich weitgehend neutral auf den Arbeitsmarkt aus. Dies hängt mit dem umgekehrten Phänomen zusammen, dass sich der Kapitalstock eben auch an ein zusätzliches Arbeitsangebot anpasst, so dass die Arbeitsnachfrage steigt. Es geht mehr darum, wie die Qualifikationsstruktur der Migranten beschaffen ist. Wir wissen aus unseren Studien, dass Einheimische von Zuwanderung profitieren. Wir haben dann ein geringeres Arbeitslosigkeitsrisiko und höhere Löhne. Das ist für viele Menschen kontraintuitiv.

Auch ein Argument für Vielfalt in der Belegschaft?

Wir beobachten, dass die Produktivität von Unternehmen, die Leute sehr unterschiedlicher Kulturen oder Nationalitäten einstellen, steigt. Ein Beispiel ist der Fußball. Durch die Veränderungen der europäischen Regulationen war es möglich, dass Vereine in großem Maßstab Ausländer einstellen konnten. Die Vereine sind dadurch nicht schlechter, sondern deutlich besser geworden, was sich belegen lässt. In den internationalen Wettbewerben schneiden divers aufgestellte Teams deutlich besser ab als homogene Mannschaften. Die Produktivität des einzelnen Fußballspielers ist gestiegen. Natürlich ist es auch eine Werteentscheidung, in einer offenen Gesellschaft mit verschiedenen kulturellen Hintergründen zu leben. Dazu muss man sich positionieren. Aus meiner Sicht haben wir aus Angst, die Migranten könnten den Arbeitsmarkt überschwemmen und einheimischen Arbeitskräften Jobs streitig machen, in der Vergangenheit zwei große Fehler gemacht: Erstens haben wir die Zuwanderung nicht gesteuert und dadurch im internationalen Vergleich eine sehr gering qualifizierte ausländische

Bevölkerung bekommen. Zweitens haben wir eine unstetige und über lange Zeiträume zu geringe Zuwanderung zugelassen, was sich langfristig negativ in einem stark sinkenden Erwerbspersonenpotenzial auswirken wird. Die Migration, die wir in recht geringem Umfang bekommen haben, wurde vornehmlich durch politische Schocks getrieben, den Fall des Eisernen Vorhangs oder den Bürgerkrieg in Jugoslawien. Eine ökonomische Logik ist dahinter nicht zu erkennen.

Zu den Arbeitsmarktpotenzialen gehören auch „hartnäckige" Bereiche wie Langzeitarbeitslose. Gibt es aus Ihrer Sicht die Hoffnung, dass diese stärker in den Arbeitsmarkt integriert werden?

Wir denken ja schon ziemlich lange darüber nach, wie wir Arbeitslose aktivieren. Wir haben auch erhebliche Fortschritte erzielt. 2005 hatten wir 5 Millionen Arbeitslose, zuzüglich jener Personen in Aktivierungsmaßnahmen hat die Unterbeschäftigung bei rund 7 Millionen Menschen gelegen. Sie beträgt heute vielleicht noch 4 Millionen, bei weniger als 3 Millionen Arbeitslosen. Es ist richtig, dass der Anteil der Langzeitarbeitslosen an den Arbeitslosen gestiegen ist. Das sind Personen, im Jargon der Bundesagentur für Arbeit, mit Vermittlungshemmnissen. Die Aktivierung ist dort schwierig, aber nicht unmöglich.

Von wem sollte die Aktivierung ausgehen? Ist es denkbar, dass Unternehmen diese Aufgabe in die eigene Hand nehmen?

Ja, das wäre schön. Wir wissen, dass bestimmte arbeitsmarktpolitische Instrumente nützen, Qualifizierung etwa in beschränktem Rahmen und vor allem die intensive persönliche Beschäftigung mit den Arbeitssuchenden. Hier gibt es einen Schnittpunkt zu den Unternehmen, wenn Unternehmen grundsätzlich bereit sind, weniger attraktive Bewerber ins Kalkül zu ziehen, sofern diese produktive Eigenschaften mitbringen. Solche Vermittlungsanstrengungen setzen zum Beispiel bei Hobbys von Personen an. Wenn jemand Modellflugzeuge mit Fernsteuerung baut, dann ist er vielleicht in Berufen einsetzbar, an die vorher nicht gedacht wurde. Da gehört sehr viel Kreativität und Aufwand dazu, was teuer ist. Arbeitsvermittlung und Unternehmen müssen dazu Hand in Hand arbeiten. Da ist sicher noch einiges möglich.

Wieder ein kleiner Schwenk: Haben Sie den Eindruck, dass gerade Studien zum Fachkräftemangel instrumentalisiert werden?

Zunächst sind viele dieser Studien einfach schlecht gemacht. Wenn die Prognos AG in ihren Berechnungen die Arbeitsmarktnachfrage konstant hält und daraus folgert, dass die Zahl der Erwerbspersonen dramatisch zurückgeht; wenn die Differenz zwischen den heute Beschäftigten und diesem Rückgang als Fachkräftelücke ausgegeben wird, ist das unzulässig vereinfacht. McKinsey geht etwas differenzierter vor, aber die Argumentation ist ähnlich. Problematisch wird dieses Vorgehen an der Stelle, wo Studien dieser Art Einfluss auf politisches Handeln nehmen, zum Beispiel, um für Zuwanderung zu werben. Zwar spreche ich mich auch für mehr Zuwanderung aus, aber die Vorstellung, dass es eine – womöglich dauerhafte – Überschussnachfrage nach Arbeit gebe, erzeugt schiefe Bilder vom Arbeitsmarkt in den Köpfen der Leser. Stellen Sie sich vor, wir haben in 10 oder 20 Jahren immer noch Arbeitslosigkeit; die Menschen werden fragen, wohin diese Überschussnachfrage nach Arbeit verschwunden ist! Tragisch ist, dass bis dahin vernünftige Initiativen zur Zuwanderung blockiert werden. Letztlich wird damit das Gegenteil dessen erreicht, was eigentlich intendiert ist.

Die Prognosen solcher Studien liefern im Endeffekt ein Zerrbild der Komplexität des Arbeitsmarktes?

Nein, diese Studien sind ausdrücklich falsch. Die Annahme einer konstant bleibenden Arbeitsnachfrage ist volkswirtschaftlich nicht zu halten. Wenn das Arbeitsangebot zurückgeht, werden die Märkte darauf reagieren. Wenn die Investoren reagieren, wird der Handel und werden die Gütermärkte reagieren, und dann bleibt die Arbeitsnachfrage nicht konstant. Insofern sind diese Studien handwerklich problematisch. Wenn dies zu falschen Entscheidungen führt, beispielsweise hinsichtlich Bildungsinvestitionen, rate ich zu Vorsicht.

Können uns vor dieser Unzulänglichkeit Fachkräfteprognosen auf regionaler oder berufsspezifischer Ebene mit größerer Detaillierung bewahren?

Es ist weniger eine Frage des Datenaufwandes, wobei mit dem Detaillierungsgrad auch die Schwierigkeiten verlässlicher Vorhersagen steigen. Eigentlich bräuchten wir Modelle, welche die vielen Interaktionen auf dem Arbeitsmarkt abbilden, und die liegen uns praktisch nur auf aggregierter Ebene vor. Solche makroökonomischen Modelle mit sektoralen, berufs- oder qualifikationsspezifischen Perspektiven zu verbinden setzt sehr starke Annahmen voraus. Nach meiner Kenntnis sind wir noch nicht so weit.

Gibt es aus Ihrer Sicht eine besondere Verantwortung, die Unternehmen beim Thema „Fachkräftemangel“ tragen?

Die Unternehmen wissen im Grundsatz selbst, welche Qualifikationen sie brauchen, sollten aber auch eine weitsichtige Personalplanung betreiben. Man kann davon ausgehen, dass es keinen riesigen Pool an Arbeitskräften mehr geben wird, aus dem die Besten ausgesucht werden. Dafür benötigen sie eine strategische Personalplanung, die Orientierung über das notwendige Maß an Qualifizierung und Weiterbildung schafft, oder wann und wie viel in Ausbildung investiert werden muss. Was mir besonders am Herzen liegt, wäre eine Strategie für die Rekrutierung von Personal im Ausland. Die sehr hohe Jugendarbeitslosigkeit in Spanien, Griechenland und Italien wird von deutschen Unternehmen noch zu wenig genutzt, auch wenn eine Anwerbestrategie teuer und schwierig sein kann: Wir benötigen Informationen über die Qualität von Universitäten. Deutsche Universitäten können wir einordnen, aber wie steht es mit der Universität Krakau? Bei der Bewertung beruflicher Abschlüsse gibt es noch viel zu tun, da Mechatroniker eben nicht gleich Mechatroniker ist: Welche Module stecken in dieser Ausbildung, welche sind auf die hiesigen Arbeitsverhältnisse anwendbar? Die Verantwortung für diese Informationskosten sehe ich in Brüssel angesiedelt, wo Rekrutierungsstrategien europäisch gedacht werden können. Ich würde auch anregen, dass Unternehmen Englisch vermehrt als Arbeitssprache einsetzen. Das ist in Deutschland noch schwierig, vielleicht mit Ausnahme des Investment Bankings. Warum nicht Arbeitsprozesse oder ganze Abteilungen in Englisch, einer globalen Sprache, aufstellen? Das würde möglicherweise die Produktivität der Mitarbeiter erhöhen, andererseits aber auch die Rekrutierungschancen und die Chancen für Vielfalt am Arbeitsplatz.

Das Interview führte Clemens Volkwein,
Demografieberater des Arbeitgeberverbandes HessenChemie.

Der WifOR-Fachkräftemonitor

Unternehmerische Wettbewerbsvorteile hängen maßgeblich von einer ausreichenden Zahl (hoch)qualifizierter Fachkräfte ab. Für personal-, bildungs- und arbeitsmarktpolitische Weichenstellungen sind möglichst verlässliche Informationen notwendig: über das zukünftige regionale Arbeitskräfteangebot auf der einen sowie den Bedarf an Fachkräften auf der anderen Seite.

WifOR, ein unabhängiges Wirtschaftsforschungsinstitut, hat ein regionales Monitoring der berufs- und wirtschaftszweigspezifischen Fachkräfteentwicklung bis zum Jahr 2025 entwickelt. Ziel ist es, die Fachkräftedebatte auf eine valide Datenbasis zu stellen, den Arbeitsmarkt so transparenter zu gestalten und vorhandene Informationsasymmetrien abzubauen. Es bietet

- Jugendlichen eine Orientierung bei der Berufswahl und Karriereplanung,
- Unternehmen Hinweise darüber, mit welchen Entwicklungen sie rechnen müssen,
- Bildungsanbietern Unterstützung bei ihrer Angebotsplanung sowie
- der Politik eine Basis für die Planung der Bildungsinfrastruktur.

Das Fachkräftemonitoring von WifOR ist eine interaktive Webanwendung, das Fachkräfteengpässe visualisiert und vergleichbar darstellt. Der Arbeitsmarkt lässt sich nach folgenden Kriterien filtern:

- 18 Wirtschaftszweige (unter anderem auch Chemie und Pharma),
- 13 akademische und 41 nichtakademische Berufsgruppen,
- Unterteilung in MINT- und kaufmännische Berufsgruppen,
- drei Qualifizierungsstufen,
- regionale Gliederung nach IHK-Regionen,
- Zeitraum von 2000–2025.

Das Arbeitsangebot ergibt sich aus der Summe der sozialversicherungspflichtig Beschäftigten, geringfügig entlohnten Beschäftigten, Studien- und Ausbildungsabsolventen sowie Arbeitslosen. Die Fachkräftenachfrage setzt sich aus dem konjunktur- und strukturbedingten Ergänzungsbedarf und aus dem demografiebedingten Ersatzbedarf zusammen. Zur Prognose zukünftiger Entwicklungen werden die Wachstums- und Erwerbstätigenprognosen der Prognos AG verwendet.

www.fk-monitoring.de

Vermittlung ausländischer Fachkräfte durch die ZAV

Die Zentrale Auslands- und Fachvermittlung (ZAV) ist eine Dienststelle der Bundesagentur für Arbeit. Sie vermittelt Arbeitskräfte aus dem Ausland und ins Ausland. Zur Werbung um die besten Fachkräfte hat die ZAV eine neue Dienstleistung ins Leben gerufen: Sie sucht im europäischen Ausland gezielt nach geeigneten Fachkräften aus Mangelberufen, wenn diese nicht auf dem regionalen und bundesweiten Arbeitsmarkt zu finden sind. Es werden zum Beispiel Ingenieure, technische Fachkräfte, Gesundheitspersonal sowie Mitarbeiter für die Landwirtschaft und das Hotel- und Gastronomiegewerbe rekrutiert.

Das Dienstleistungsangebot im Einzelnen:

1. Europaweite Veröffentlichung von Stellenangeboten.
2. Die ZAV verfügt über einen Bewerberpool von mehreren Hundert ausländischen Fachkräften, die Interesse an einer Beschäftigung in Deutschland haben und die Voraussetzungen erfüllen. Auf Wunsch trifft sie eine Vorauswahl und schlägt geeignete Kandidaten vor.
3. Die ZAV nimmt an Jobbörsen ihrer europäischen Partner teil. Gerne lädt sie deutsche Unternehmen ein, dort Stellenangebote zu präsentieren.
4. Gemeinsam mit den europäischen Partnern lädt die ZAV geeignete Bewerberinnen und Bewerber ein und bietet Unternehmen die Möglichkeit, mit diesen Auswahlgespräche in Deutschland oder einem europäischen Land durchzuführen.
5. Die ZAV unterstützt Unternehmen bei Fragen zur Arbeitserlaubnis für Arbeitnehmer aus Drittstaaten sowie aus Rumänien und Bulgarien.
6. Schließlich informiert die ZAV ausländische Kandidatinnen und Kandidaten über Lebens- und Arbeitsbedingungen in Deutschland und hilft bei der Vermittlung von Deutsch-Sprachkursen in Kooperation mit den Goethe-Instituten.

Die Tätigkeit der ZAV konzentriert sich auf die neuen EU-Länder sowie Spanien, Portugal und Griechenland, wo ein besonderes Interesse an einer Beschäftigung in Deutschland besteht.

Alle Service-Angebote der ZAV sind für Arbeitgeber und Arbeitnehmer kostenlos!

Das kanadische „Skilled Worker Program“

Das kanadische „Skilled Worker Program“ ist ein Element im stark auf qualifizierte Zuwanderung ausgerichteten kanadischen Zuwanderungssystem, über das Fachkräfte eine unbefristete Arbeits- und Aufenthaltsgenehmigung erlangen können. Es gilt zum einen für Fachkräfte, die zwar kein konkretes Jobangebot, mindestens aber ein Jahr Arbeitserfahrung (Vollzeit, bei Teilzeit zweieinhalb Jahre) in einem Beruf haben, in dem der Fachkräftebedarf aktuell besonders hoch ist. Zum anderen greift das Programm bei ausländischen Fachkräften, die ein Jobangebot eines kanadischen Arbeitgebers vorweisen können.

Einwanderungsinteressierte, die diese Kriterien erfüllen, werden anhand eines Punktesystems beurteilt, das sechs Kriterien mit unterschiedlicher Gewichtung umfasst. Punkte gibt es für die Art der Schul- bzw. Universitätsausbildung (max. 25), Sprachkenntnisse (max. 24), Berufserfahrung in einem gesuchten Beruf (max. 21) und das Alter des Antragstellers (max. 10). Zusätzlich gibt es Punkte, wenn zum Beispiel die betreffenden Personen bereits in Kanada gelebt bzw. studiert haben, Verwandte in Kanada leben oder bereits eine konkrete Stellenzusage vorliegt (max. 5–10 Punkte). Zusätzlich muss der Antragsteller belegen, dass er über ein Mindestmaß an finanziellen Reserven verfügt (Alleinstehender: ca. 7.500 Euro; Familie mit zwei Kindern: ca. 13.500 Euro).

Erreicht der Antragsteller mindestens 67 von 100 Punkten, erhält er eine unbefristete Arbeits- und Aufenthaltsgenehmigung. Nach drei Jahren Aufenthalt kann er die kanadische Staatsbürgerschaft beantragen.

Quelle: Bundesvereinigung der Deutschen Arbeitgeberverbände – Fachkräftemangel bekämpfen, Wettbewerbsfähigkeit sichern, Dezember 2010

Strategische Personalplanung

Früher, so denkt die Personalleitung der Max Muster GmbH, war es einfacher: Wir hatten nur einen Standort, und auf jede Personalanzeige im örtlichen Blatt haben sich mehr als 50 Bewerber gemeldet. Heute kann ich das nicht mehr voraussetzen, so dass ich mir viel stärker Gedanken mache, Leute aus unseren Reihen in kritische Positionen zu bringen. Ein System dafür haben wir aber nicht, was dann teuer werden könnte, wenn die Marktpreise für Spezialisten anziehen. Abgesehen davon ist es schwierig, solche Maßnahmen einzuleiten, denn wer weiß schon, wie sich das Geschäft in den nächsten Jahren entwickelt? Und sowieso, oft können mein Team und ich nur noch umsetzen, was uns die Geschäftsstrategie diktiert. Wenn wir es schaffen würden, diesen Wust an Unwägbarkeit – nehmen wir nur mal den Umgang mit der längeren Lebensarbeitszeit – in eine zumindest mittelfristige Personalplanung umzusetzen, würden wir viel effizienter mit diesen Ressourcen umgehen. Wie könnte eine „Energiewende für Personalressourcen“ aussehen? Was muss ich tun, damit unsere Geschäftsführung begreift, dass es gute Leute in Zukunft nicht so einfach geben wird?

Chancen und Risiken balancieren – Strategische Personalplanung mit Weitblick

Kai Berendes

A. Zweck und Charakter der strategischen Personalplanung

„Wer weiß schon, wie sich das Geschäft in den nächsten Jahren entwickelt?", fragt Max Muster in der Fallstudie. „Es kommt immer anders, als man denkt", könnte man in Anlehnung an das vielzitierte Gesetz von Murphy in diesem Zusammenhang passend ergänzen. Warum also überhaupt noch planen, wenn uns die Realität ohnehin „überrumpelt"? Das Verhalten komplexer Systeme, wie es Unternehmen mit ihrem Marktumfeld nun einmal sind, lässt sich nicht über einen längeren Zeitraum exakt vorhersagen. Gerade deshalb ist es wichtig, die Unternehmenssteuerung von einzelnen Prognosen unabhängig zu machen. Vielmehr gilt es über die strategische Planung die schwierigen Personalentscheidungen für die Zukunft besser auszubalancieren, das heißt Risiken und Chancen frühzeitig zu sehen und zu streuen respektive zu nutzen. Strategische Personalplanung bedeutet also, die Zukunft mit Hilfe von Szenarien zu gestalten.

Der Hauptzweck einer strategischen Personalplanung liegt darin, kritische (Personal)Entwicklungen für das Geschäft sichtbar zu machen und möglichst konkret zu beschreiben. Dazu zählt an erster Stelle die Mitarbeiterkapazität, die Verfügbarkeit einer ausreichenden Zahl an Mitarbeitern mit den geforderten Qualifikationen an der rechten Stelle. Die strategische Personalplanung analysiert in den Planungsszenarien künftige Kapazitätsrisiken, wie Über- oder Unterdeckungen im Mitarbeiterbestand, und schafft damit Entscheidungsgrundlagen für mögliche Handlungsoptionen. Beispielhaft könnten etwa die Einstellung von zusätzlichem Personal oder Veränderungen im Anteil eingekaufter Fremdleistungen als Alternativen in der Planung dargestellt werden. Das Altersprofil einer Belegschaft hat ebenfalls Einfluss auf die zur Verfügung stehenden Mitarbeiterkapazitäten und stellt somit die zweite, wichtige Betrachtungskategorie dar. Mögliche Abgangswellen und Auswirkungen der Belegschaftsalterung auf die Produktivität des Mitarbeiterbestands werden sichtbar und können so besser gesteuert werden. Neben der Personalgewinnung am Arbeitsmarkt lassen sich Kapazitätsengpässe in der Belegschaft auch mittels interner Entwicklungsprogramme überbrücken; eine dritte, wichtige Analysekategorie der strategischen Personalplanung. Wie gut sind die internen Promotionskanäle gefüllt und welche Lücken reißt die Personalentwicklung zwangsläufig an anderen Stellen? Sind Engpässe zu erwarten, das heißt, steht genug interner Nachwuchs zur Verfügung? Um diese Fragen konkret zu bearbeiten, muss die strategische Personalplanung die passende Betrachtungsebene finden.

Im Gegensatz zur täglichen Personalarbeit stehen für die strategische Personalplanung nicht die einzelne Mitarbeiter im Vordergrund, sondern deren für das Unternehmen ausgeübte Funktionen. In der Praxis hat sich für Cluster, die solche gleichartigen Funktionen bündeln, der Begriff der Jobfamilie durchgesetzt. Die zentrale Frage für eine sinnvolle Clusterung von Jobfamilien lautet: Welche Funktionen sichern die Umsetzung des Geschäftszwecks heute und morgen? Die Anforderungen des Geschäftes von Morgen bestimmen also die Kriterien, anhand deren Jobfamilien gebildet werden. In der hessischen Max Muster GmbH werden beispielsweise entlang der Wertkette die Funktionen Entwicklung, Produktion und Technik unterschieden (vgl. Abbildung 1).

<table>
<tr><th colspan="2">Jobfamilie</th></tr>
<tr><td colspan="2">Management</td></tr>
<tr><td>Entwicklung</td><td>Techniker
Laborant
Laborleiter</td></tr>
<tr><td>Produktion</td><td>Produktions-
mitarbeiter
Anlagenfahrer
Meister Produktion</td></tr>
<tr><td>Technik</td><td>Facharbeiter
Mechanik
Techniker
Betriebsingenieur</td></tr>
<tr><td colspan="2">Unterstützende Funktionen</td></tr>
</table>

Abbildung 1: Die strategische Personalplanung basiert auf Jobfamilien oder Jobclustern.

In dem Beispiel aus Abbildung 1 werden diese Hauptfunktionen zusätzlich von steuernden und unterstützenden Funktionen eingerahmt und auf einer zweiten Ebene weiter differenziert. Die Idee hinter einem so gebildeten Cluster ist, dass alle dem Cluster zugeordneten Mitarbeiter innerhalb eines definierten Zeitraumes, beispielsweise von drei Monaten, einem halben oder ganzen Jahr, austausch- beziehungsweise entwickelbar sind. Ein Facharbeiter der Mechanik wäre dann, zum Beispiel mit entsprechendem Qualifizierungsaufwand, in der Lage, die Tätigkeit eines Betriebsingenieurs auszuüben, sollte ein Engpass bezüglich dieser Funktion entstehen. Natürlich können solche Cluster noch feiner differenziert werden. Es ist jedoch zu beachten, dass bei der Clusterung nicht für jeden Experten eine eigene Jobfamilie geschaffen wird. Eine solche Strukturierung des Personalkörpers wäre deshalb kritisch, da das Unternehmen auf Dauer immer unabhängig von Einzelpersonen funktionieren sollte und die strategische Personalplanung das Vehikel ist, diese Robustheit zu erzeugen. Ein weiterer Stolperstein bei der Bildung von Jobfamilien ist die Übernahme bestehender Organisationsstrukturen, da es gleichartige Funktionen auch über organisationale Grenzen hinweg gibt. Die internen Potenziale, beispielsweise zur Ausbalancierung von Kapazitätsengpässen, werden in diesem Fall übersehen und liegen ungenutzt brach. Als Kontrollfrage für den richtigen Detaillierungsgrad empfiehlt es sich, den konkreten Mitarbeiterbedarf je Cluster zu bestimmen. Ist dieser nicht bekannt, ist dies ein Zeichen dafür, eine andere Clusterung zu wählen. Denn die Granularität der Planung gilt sowohl für den Mitarbeiterbestand als auch für den Mitarbeiterbedarf.[1]

Gerade dem Personalbedarf für das Geschäft von Morgen kommt in der strategischen Personalplanung eine hohe Bedeutung zu und unterscheidet diese von Personalerhebungen zu einem Stichtag. Es geht der strategischen Personalplanung nicht alleine um die Analyse des Mitarbeiterbestands, wie bei Altersstrukturanalysen beispielsweise oft praktiziert. Vielmehr ist der zukünftige Mitarbeiterbedarf ein wesentlicher Teil der Szenariobetrachtung. Im Vergleich zur Entwicklung des Mitarbeiterbestands ist dieser Bedarf jedoch vergleichsweise schwer zu beschreiben, eine Sollbruchstelle für die erfolgreiche Ein- und Durchführung einer strategischen Personalplanung. Das Bedarfsmodell hängt im Vergleich zum Bestandsmodell direkt vom Geschäftszweck ab, das heißt, die Leitplanken aus den Geschäftsfeldstrategien müssen sich im Bedarfsmodell wiederfinden. Als Ausgangspunkt dienen die zentralen Treiber für das Unternehmensgeschäft, die es in ihrer Wirkung auf den künftigen Bedarf weiter zu operationalisieren gilt.

---

1 Die Darstellung bietet an dieser und anderen Stellen nur eine erste Orientierung und lehnt sich an die Ausführungen bei Berendes, K. et. al. (2011): Strategische Personalplanung. Die Zukunft heute gestalten. Das Demographie Netzwerke (Hrsg.): Wirtschaftsverlag NW, an. Mit zahlreichen Praxisbeispielen bietet das Booklet eine gute Vertiefung mit konkreten Handlungsempfehlungen zur strategischen Personalplanung.

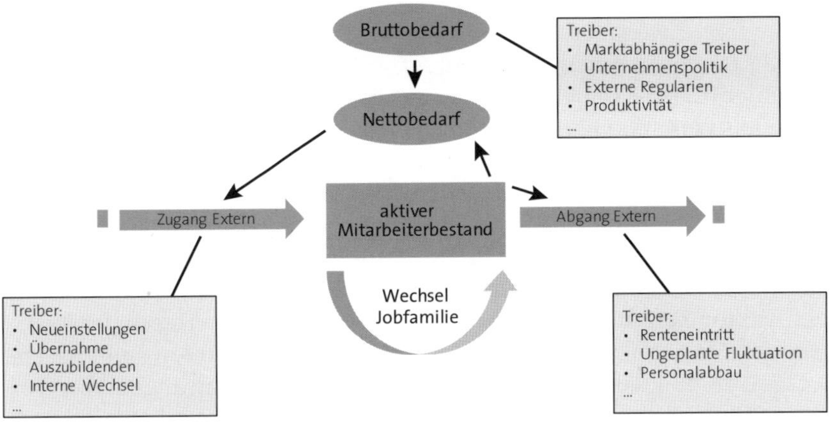

Abbildung 2: Grundbausteine eines Planungsmodells beispielhaft visualisiert mit der Planungssoftware Dynaplan Smia.

Aus dem zuvor geschilderten folgt zwangsläufig, dass das Bedarfsmodell nicht alleine im Personalbereich entwickelt werden kann. Vielmehr müssen für eine marktorientierte Personalplanung jene Anspruchsgruppen in den Prozess einbezogen werden, die kompetent sind, Trends in der Geschäftsentwicklung abzusehen und im Hinblick auf die daraus entstehenden Anforderungen an das Personal abzuschätzen. Die strategische Personalplanung ist also keine reine Veranstaltung der Human-Resources-Abteilung. Die Bildung der Planungsprämissen muss gemeinsam im Dialog mit den Fachbereichen (zum Beispiel Leiter der Geschäftsfelder) erfolgen. Dies hat den positiven Nebeneffekt, dass ein gemeinsam getragener Prämissenkranz entsteht, der transparent ist und im Bedarfsfall der Nachprüfung und Revision offen steht. An der Stelle von individuellen – möglicherweise unterschiedlichen – Einschätzungen über die Geschäftstreiber entsteht ein für die weitere Arbeit wichtiger Grundkonsens. In der Praxis zeigt sich immer wieder, dass diese Ausgangsbasis für belastbare Entscheidungen fehlt und als Konsequenz keine stimmigen Maßnahmen für die wichtigsten Personalherausforderungen verabschiedet werden. Diese Diagnose gilt nicht nur für die Ausprägung der einzelnen Treiber (zum Beispiel zukünftiges Geschäftsvolumen), sondern auch für die Zusammenhänge zwischen den Treibern (zum Beispiel, wie sich das zukünftige Geschäftsvolumen auf den Bedarf an Mitarbeitern in der Produktion auswirkt). Daher ist es wichtig, die Zusammenhänge des Planungsmodells sichtbar zu machen und flexibel zu halten. Nur so kann die notwendige Akzeptanz bei den Entscheidungsträgern erzeugt werden.

Bei der Beschreibung der Wirkungszusammenhänge zwischen den unterschiedlichen Treibern ist es wichtig, die (Wirkungs-)Zeit mit zu berücksichtigen. Gerade dieser Punkt rückt bei Geschäftsentscheidungen oft in den Hintergrund. Zweck der strategischen Personalplanung ist es aber gerade, die von den heutigen Entscheidungen ausgehende Wirkung in der Zukunft zu beschreiben. Verzögerungen wie beispielsweise Qualifikationszeiten – bis zur „vollwertigen" Ausübung einer Tätigkeit – oder auch die Alterungsdynamik sind dafür Beispiele. Ohne den Faktor Zeit kann nicht beurteilt werden, welche Herausforderungen der Fachkräftemangel wirklich an das Unternehmen stellt. Gerne werden in den weitverbreiteten „Copy and Paste"-Planungen aber Vergangenheitswerte lediglich in das neue Planungsjahr kopiert beziehungsweise fortgeschrieben. Die Komplexität der unterschiedlichen Zeitverzögerungen des „trägen" Personalkörpers wird dadurch jedoch nicht berücksichtigt. Den Ergebnissen solcher Planungen muss es notwendig am realistischen Maß fehlen, da Wissen und Erfahrung sich schließlich nicht einfach wie ein „Datenträger" am letzten Arbeitstag dem neuen Kollegen übergeben lassen.

An den beschriebenen Wirkungsverzögerungen lässt sich eine weitere Eigenschaft einer guten strategischen Personalplanung festmachen: der richtige Planungszeithorizont. Der Begriff der Planung impliziert die Abbildung einer Entwicklung über einen bestimmten Zeitraum hinweg. Irrtümlicherweise wird die strategische Personalplanung oft mit einer langfristigen Planung gleichgesetzt. Es kommt jedoch eher darauf an, den Planungszeithorizont an mehreren Orientierungsgrößen auszurichten: Unabdingbar ist beispielsweise, dass die Entwicklungszeiten zwischen Jobclustern komplett abgedeckt sind. Diese Entwicklungszeiten innerhalb und zwischen Jobclustern können je nach Unternehmen und Jobfamilie unterschiedlich ausfallen. Ist der Planungszeithorizont zu knapp ausgelegt, wird die Auswirkung dieser Verzögerung auch nicht sichtbar, es drohen wiederum Engpässe in der Stellenbesetzung. Erstausbildung und fachspezifische Qualifikationszeiten kumulieren sich schnell auf fünf Jahre und mehr. Eine weitere Orientierungsgröße stellt die strategische Unternehmensplanung dar, in die beispielsweise die Lebenszyklen von Produkten und Technologien eingehen.

Die aufgeführten Eigenschaften sind Qualitätsmerkmale einer guten strategischen Personalplanung. Grundsätzlich geht es dabei um einen dauerhaften Prozess, der mit den Managementprozessen verzahnt werden muss. Im folgenden Abschnitt werden die dafür wesentlichen Schritte aufgezeigt und die eingangs von Geschäftsführer Max Muster gestellten Fragen aufgenommen.

B. Die wichtigsten Schritte in der strategischen Personalplanung

Den Startpunkt bildet, angelehnt an einen Strategieentwicklungsprozess, die Analyse der Herausforderungen. Auf Basis der aktuellen Datenbestände gilt es, die gemeinsam mit den Fachbereichen erarbeiteten Treibervarianten über den Mitarbeiterbedarf mit dem heutigen Personalbestand je Jobfamilie abzugleichen. Zu den Umfeldszenarien gehören auch Annahmen über Bewegungen des Mitarbeiterbestandes, die nicht direkt durch das Unternehmen beeinflusst werden können

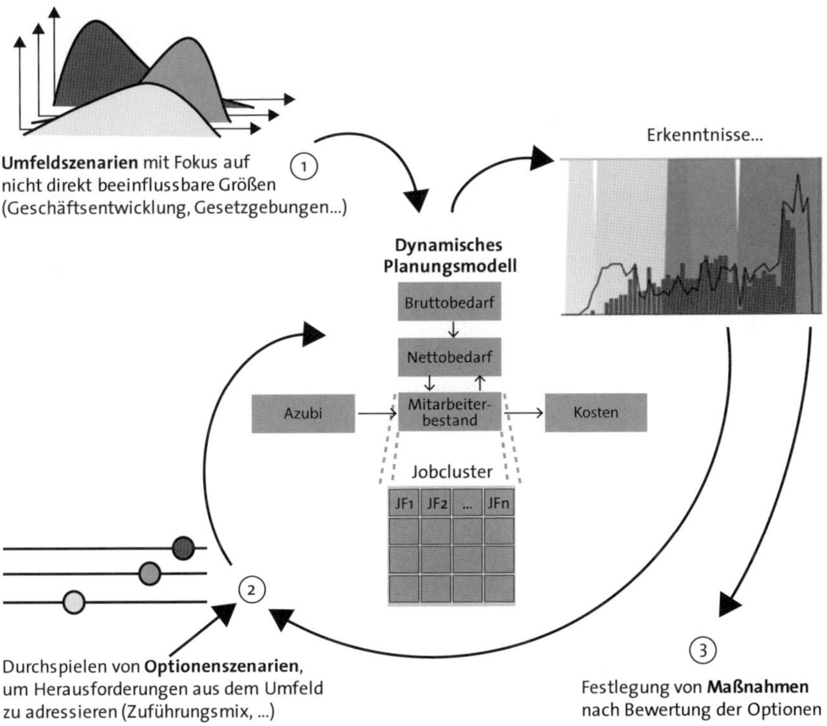

Abbildung 3: Vorgehen bei der strategischen Personalplanung.

(zum Beispiel gesetzliches Renteneintrittsalter, ungeplante Fluktuation etc.). Für die Analyse dieser äußerlichen Faktoren und ihrer Auswirkungen eignen sich Kennzahlen aus den Kategorien Altersstruktur, Kapazität und Qualifikation. Dabei ist zu beachten, nicht alleine auf Mittelwerte zu setzen und insbesondere die Veränderungsgeschwindigkeit mit den Kennzahlen abzubilden: Mit welcher Dynamik wächst in den nächsten fünf Jahren zum Beispiel die Anzahl der Mitarbeiter im Alter über 50 Jahre? Für den Dialog mit den Fachbereichen ist zudem eine monetäre Übersetzung solcher Bewegungen im Personalkörper (hinsichtlich der Vergütungsstrukturen oder tarifvertraglicher Folgekosten) hilfreich. So kann in Unternehmen mit starker finanzieller Steuerung leichter die notwendige Sensibilisierungerreicht werden. An dieser Stelle sei noch einmal in Erinnerung gerufen, dass die dadurch gewonnenen Erkenntnisse sich immer auf einzelne Jobcluster beziehen. Nur so erhält man ein differenziertes Bild der personalpolitischen Herausforderungen und kann auch die Gestaltungsoptionen bestmöglich ausformulieren und gegeneinander abwägen. Mit HR-Initiativen nach dem „Gießkannenprinzip“ über alle Funktionen hinweg ist niemandem gedient.

Mit der Kenntnis über die zentralen Herausforderungen werden nun im nächsten Schritt konkrete Handlungsfelder durchgespielt. Welche Folgen zieht etwa eine Veränderung des Zuführungsmix (Merkmale eingestellter Personen) nach sich? Im Gegensatz zu der ersten Phase rücken nun die Treiber des Planungsmodells, die direkt durch das Unternehmen beeinflusst werden können, in den Vordergrund. Hierzu gehören zum Beispiel jene Stellgrößen, den Personalbestand über Zu- und Abgänge oder auch interne Wechsel gezielt zu verändern. Letzteres führt insbesondere zu einer Veränderung der Mitarbeiterstruktur in den Jobfamilien. Wie in Abbildung 3 dargestellt, muss dieser Prozess mehrfach durchlaufen werden, um die richtigen Optionen für die ausgemachten Herausforderungen zu finden. Dabei hilft eine Bewertung der personalpolitischen Handlungsfelder, zum Beispiel nach den dafür notwendigen Ressourcen oder hinsichtlich der Durchsetzbarkeit mit Blick auf die Mitbestimmung. Am Ende entsteht so ein Planszenario als Grundlage für die Initiierung von HR-Programmen. Orientierung bieten dabei die bekannten Handlungsfelder wie unter anderem

- Zuführung und Personalgewinnung,
- Personalanpassung und Flexibilisierung,
- Aus- und Weiterbildung,
- Interne Wechsel und Transfers,
- Gestaltung von Arbeitsorganisation und -bedingungen,

- Gesundheitsmanagement,
- Wissenstransfer,
- Entgeltsysteme.

C. Nutzen einer strategischen Personalplanung

Die strategische Personalplanung bietet den geeigneten Rahmen, um konkrete Risiken und Chancen aufzuzeigen und Diskussionen zu versachlichen. Sie ist quasi das Fundament und der Ausgangspunkt für den Einsatz der Personalinstrumente. Die rechtzeitige und zielorientierte Anwendung der strategischen Personalplanung unterstützt die Entwicklung von passenden Lösungen für die anstehenden Herausforderungen. An die Stelle von Einzelinitiativen treten abgestimmte Programme, die differenziert eingesetzt werden können. Dabei nimmt die Personalfunktion eine andere, moderne Rolle ein, die ihren Schwerpunkt als strategischer Partner und Innovationsagent sieht, statt als operativer Umsetzer festgelegter Entscheidungen.

Der folgende Abschnitt soll den Mehrwert jener Maßnahmen verdeutlichen, die aus dem Prozess der strategischen Personalplanung gewonnen wurden.

I. Personalgewinnung und Ausbildungsplanung

Die heutige und zukünftig notwendige Dimensionierung der Rekrutierungskanäle kann mit Hilfe von Personalsimulationsmodellen besser abgeschätzt werden. Nicht selten wird die Ausbildungspolitik völlig losgelöst von dem zu erwartenden Bedarf auf Basis der Vergangenheit gebildet. Über die Variation der Zuführungspolitik (Auszubildende versus Interne) kann der tatsächliche Zuführungsbedarf besser eingeschätzt werden.

II. Von Trampelpfaden zu Entwicklungswegen

Bei einer möglichen Verknappung des Arbeitsangebots in einzelnen Jobclustern lässt sich über den Einsatz der strategischen Personalplanung das interne Entwicklungspotenzial besser nutzen. An die Stelle von teilweise zufälligen „Trampelpfaden“ treten gezielt neue Entwicklungswege. Es entsteht eine Alternative zu externen Rekrutierungskanälen, womit auch die Abhängigkeit vom externen Arbeitsmarkt reduziert wird.

> „Gut ein Drittel der Unternehmen berichtet über Schwierigkeiten bei der Suche nach naturwissenschaftlichen Akademikern.“

III. Personalanpassung

Abgeleitet aus der Analyse der Bestandsentwicklung wurde, etwa in der Max Muster GmbH, das Vorziehen der Rente bei leitenden Angestellten ausgesetzt. In einem konkreten Fall wurde über die strategische Personalplanung sichtbar, dass eine hinreichende Sicherung respektive Übergabe des Wissens aufgrund fehlender Nachwuchskräfte nicht länger gewährleistet ist, und so die im Unternehmen bisher gängige Praxis gestoppt.

IV. Gestaltung von Rahmenbetriebsvereinbarungen

Die strategische Personalplanung ist wertvoll bei der Verhandlung von Rahmenbetriebsvereinbarungen. Die in den Verhandlungen zu beschreibenden Eckpunkte können im Vorfeld konkret auf ihre zukünftigen Auswirkungen hinsichtlich des Personalbestandes differenziert nach Jobclustern analysiert werden. Im Ergebnis können anstelle der Anwendung des Prinzips „Gießkanne“ Maßnahmen selektiv eingesetzt werden, wie es beispielsweise die Neuauflage eines Altersteilzeitprogramms wäre.

D. Stolpersteine aus der Praxis

Bei der Einführung der strategischen Personalplanung gilt es einige Stolpersteine und Fallstricke zu kennen. Eine Auswahl, gewonnen aus der Praxis im Dialog mit zahlreichen Unternehmen, wird in dem nun folgenden Abschnitt diskutiert.

I. Bildung von Jobclustern

Bei der Bildung der Cluster ist darauf zu achten, nicht alle denkbaren und teilweise historisch gewachsenen Aufgabenbündel abzubilden. Eine zu starke Detaillierung führt am Ende zu einer Situation, in der das Unternehmen nur noch einzelne Spezialisten beschäftigt, die nur noch über eine individuelle Betrachtung im Rahmen einer Nachfolgeplanung gelenkt werden können. Die Leitfrage muss lauten: Durch wen könnte eine frei werdende Stelle nachbesetzt werden? Die Austauschfähigkeit wird dabei häufig zu restriktiv gesehen. In einem Cluster können beispielsweise Jobs gebündelt werden, die innerhalb von drei Monaten oder eines Jahres von jedem in diesem Cluster ausgeübt werden können. Darüber wird auch deutlich, dass sich die Jobcluster nicht zwingend an der Aufbauorganisation einer Unternehmung orientieren oder diese gar eins zu eins abbilden. Leitgedanke muss es sein, die Bildung der Jobcluster oder Jobfamilien unabhängig von den Strukturen der Aufbauorganisation aufzusetzen.

II. Entwicklung des Planungsmodells und Umgang mit Daten

Gerade die Einführung der oben genannten Jobcluster muss bei der Datenpflege berücksichtigt werden. Denn es gilt beispielsweise, den Mitarbeiter dann nicht nur einmal zu einem Stichtag zuzuordnen, sondern diesen nach einheitlichen Regeln über die Zeit aktuell zu halten, das heißt zu planen. Die Zuordnungsregeln müssen für ein dauerhaft konsistentes Vorgehen im Unternehmen dokumentiert werden. Das gilt auch bei der Entwicklung des Planungsmodells. Gerade vor dem Hintergrund, dass idealerweise viele Fachbereiche in die Erstellung des Planungsmodells eingebunden werden, gilt es, eine gemeinsame Datensprache zu finden und die auf die Beschäftigtenstruktur einwirkenden Treiber gut zu dokumentieren. Eine Schwierigkeit liegt, wie schon bei den Jobfamilien, darin, einen angemessenen Detaillierungsgrad zu finden. Gerade auf der Bedarfsseite wird dabei im Extremen jede Einzelheit aufgenommen. Doch die strategische Personalplanung erarbeitet, überspitzt formuliert, keine Schichtpläne und geht auch nicht auf die Folgen feinster, saisonaler Produktionsschwankungen ein. Es empfiehlt sich daher, die Komplexität in dieser Planungsphase auf zentrale Treiber zu begrenzen.

III. Kontinuierlicher Planungsprozess und Einbettung in den gesamtunternehmerischen Planungsprozess

Die strategische Personalplanung ist kein Projekt mit einem festen Start- und Endzeitpunkt. Vielmehr ist sie, wegen der engen Bindung an die sich stetig wandelnde Geschäftstätigkeit, eine Daueraufgabe, die eng mit den Managementprozessen verzahnt werden muss. Die Planungsszenarien basieren auf Annahmen, die regelmäßig im Rahmen eines Prämissencontrollings überprüft werden sollten. Dies kann aber nur unter der wichtigen Voraussetzung gelingen, dass die Informationen hierzu ungehindert fließen können und nicht zurückgehalten werden. Sicherstellen kann die Unterstützung der Fachbereiche bei der strategischen Personalplanung vor allem eine hohe Akzeptanz des Top Managements, auch und vor allem außerhalb des Personalbereichs. Erreicht werden kann die Akzeptanz beispielsweise in der Erarbeitung der Szenarien und der Dokumentation ihres Nutzens für die Arbeit der Fachbereiche.

E. Irrtümer und Missverständnisse

Die Zahl der Beiträge zur strategischen Personalplanung hat in den letzten Jahren stark zugenommen – ursächlich weil Personal nicht mehr als unbegrenzt verfügbare Ressource gesehen wird. Mit der Vielfalt dieser Darstellungen wird das Bild über Sinn und Zweck der Personalplanung aber leider unschärfer, weshalb einige damit verbundene Missverständnisse und Irrtümer diesen Beitrag abschließen sollen.

I. Strategische Personalplanung ist nur etwas für große Konzerne

Personal kann nicht länger als unerschöpfbare Ressource angesehen werden. Das gilt für kleine und mittlere Unternehmen genauso. Umso wichtiger wird es, dass interne Potenzial zu kennen und notwendige HR-Initiativen gezielt darauf abzustimmen – gerade wenn eher kleine Personalabteilungen zur Verfügung stehen und keine budgetintensiven Arbeitgeber-Imagekampagnen aufgesetzt werden.

II. Strategische Personalplanung ist ein IT-Projekt

Für die Beschreibung zukünftiger Zeitpfade sind an erster Stelle gute Planungsmodelle notwendig, die nur in dem Unternehmen selber entwickelt werden können. Hier liegt beispielsweise das notwendige Wissen für die Beschreibung der Mitarbeiterbedarfe. IT-Werkzeuge helfen dabei als Intelligenzverstärker, mit denen Zusammenhänge besser abbildbar sind und Szenarien über die Zeit gerechnet werden können. Dafür sind jedoch keine „Supertanker“ wie riesige Datenbanksysteme notwendig, sondern eher ein schlankes „Schnellboot“, das ohne großen Aufwand mit den bestehenden Systemen korrespondieren und unmittelbar im Entscheidungsprozess eingesetzt werden kann.

III. Strategische Personalplanung ist gleich Demografiemanagement

Das Altersprofil der Belegschaft kann insbesondere mit Blick auf den Unternehmensstandort Europa eine Herausforderung darstellen. Das gilt besonders für die demografiebedingte Entwicklung des Arbeitsangebots. Demografie ist aber nur ein Gesichtspunkt, der vor dem Hintergrund des Geschäfts bewertet werden muss. Strategische Personalplanung muss weitere Sphären in die Planung einbeziehen. Dazu zählen weitere Anforderungen aus der Unternehmensumwelt, beispielsweise Technologietrends.

IV. Strategische Personalplanung ist gleich Talentmanagement

Personalmanagement beinhaltet mehrere Bausteine. Die strategische Personalplanung kann eine Einzelbetrachtung von Schlüsselpositionen nicht ersetzen. Sie gibt vielmehr wichtige Hinweise beispielsweise für das Talentmanagement und ist damit nicht gleichzusetzen. Beispielsweise werden besonders kritische Jobfamilien aufgrund von strategischer Relevanz und knappem Arbeitsangebot in der strategischen Personalplanung identifiziert und daraus für das Talentmanagement individuelle Entwicklungspläne abgeleitet. Den gemeinsamen Nenner beider Bausteine des HR Managements bilden die Jobcluster. Werden diese mit Hilfe von Kompetenzprofilen weiter beschrieben, ergibt sich die Verbindung der auf Jobfamilien basierenden Personalplanung und einer Kompetenzbetrachtung auf der Ebene einzelner Mitarbeiter, wie sie im Talentmanagement vorgesehen ist.

V. Strategische Personalplanung findet ausschließlich im Personalbereich statt

Eine fruchtbare strategische Personalplanung muss, wie bereits im ersten Abschnitt angesprochen, den Bedarf und Bestand berücksichtigen. Alles andere greift zu kurz. Die Marktbereiche müssen daher unbedingt in die Berechnung der Szenarien eingebunden werden.

VI. Strategische Personalplanung ist gleich Personalstrategie

Die strategische Personalplanung unterstützt die Strategieentwicklung in der Beurteilung der Ausgangslage und bei der Bewertung von Optionen. Sie kann aber immer nur einen Teil der strategischen Fragen abdecken und ersetzt dabei nicht die Erarbeitung der Funktionalstrategie. Sie ist vielmehr ein guter Ausgangspunkt für die Entwicklung eines HR-Programms mit aufeinander abgestimmten Initiativen, die in der HR-Strategie über Ziele, Mittel und Maßnahmen ausgestaltet werden müssen.

„Warum also planen?“, könnte man mit Bezug auf Max Muster nach diesen Überlegungen nochmals fragen. Die Antwort lautet, dass Planung deshalb lohnt, da die Ressource „Personal“ weniger denn je uneingeschränkt verfügbar sein wird, und eine gute Personalplanung hilft, die Geschäftszwecke bestmöglich zu unterstützen. Die strategische Personalplanung ist als Teil des unternehmerischen Risikomanagements zu sehen, um dichte Nebelbänke zu lichten und eine Blindfahrt zu vermeiden. Auch wenn diese Planungsbemühungen zunächst als losgelöst vom Tagesgeschäft erscheinen – sie fördern letztlich die Bewältigung der täglichen Arbeit und sichern die dauerhafte und erfolgreiche Umsetzung des Geschäftszwecks mit ab.

Das Demographie Netzwerk e.V. (ddn)

Wie können sich Unternehmen optimal auf alternde Belegschaften einstellen? Wie gehen andere Firmen mit dem demografischen Wandel um und wo steht das eigene Unternehmen im Vergleich? Diese und weitere Fragen stehen im Mittelpunkt beim bundesweiten Demographie Netzwerk e.V. (ddn).

In dem gemeinnützigen Netzwerk haben sich rund 300 Unternehmen und Institutionen mit einer Personalverantwortung für über zwei Millionen Beschäftigte zusammengeschlossen, um den demografischen Wandel aktiv zu gestalten. Die Mitglieder setzen sich aus Unternehmen aller Größenordnungen, aber auch Verbänden, Beratungsunternehmen, Wissenschaftseinrichtungen oder Kommunen zusammen.

ddn ist angetreten, um den demografischen Wandel zur Chefsache zu machen. In zehn Goldenen Regeln verpflichten sich die ddn-Unternehmen unter anderem zu einer nicht diskriminierenden, altersneutralen Personalpolitik, zu einer ausgewogenen Altersstruktur der Belegschaft, einer ganzheitlichen Gesundheitsförderung und einem Wissenstransfer zwischen den Generationen. Das Herzstück des Netzwerks bilden zehn Arbeitskreise, in denen gemeinsam neues Wissen entwickelt und vorhandenes Know-how ausgetauscht wird.

Im Mittelpunkt stehen Themen wie Gesundheit, Arbeitsorganisation, Qualifizierung oder Führungs- und Unternehmenskultur. Zusätzlich wurden 17 regionale ddn-Netzwerke gegründet, die das Gestaltungswissen auch kleineren und mittelständischen Unternehmen vor Ort zugänglich machen. Die ddn-Mitglieder vertreten die Philosophie, dass durch den Austausch mit anderen Akteuren neue kreative Ideen entstehen. Deshalb verstehen sie das ddn ausdrücklich als offenes Netzwerk, in dem weitere Unternehmen jederzeit willkommen sind. ddn steht für einen gemeinsamen Lern-, Vergleichs- und Innovationsprozess, der Unternehmen und Institutionen optimal auf den demografischen Wandel vorbereiten soll.

ddn
Das Demographie Netzwerk

www.demographie-netzwerk.de

„INQA Gute Praxis“

Impulse und Informationen aus erster Hand

Sichere, gesunde und wettbewerbsfähige Arbeitsplätze – dafür setzt sich die „Initiative Neue Qualität der Arbeit“ ein. Sie möchte den Wunsch der Beschäftigten nach vorbildlichen Arbeitsbedingungen mit dem Interesse der Unternehmen nach Produktivität und Wettbewerbsfähigkeit verbinden. Fakt ist: Wenn sich die Qualität der Arbeitsgestaltung beziehungsweise der Arbeit verbessert, steigt die Identifikation der Beschäftigten mit dem Unternehmen. Das hat maßgeblichen Einfluss auf das Engagement und letztlich auch auf die Produktivität. Anders formuliert: Wer Spitzenleistungen erzielen will, sollte auf Spitzenarbeitsplätze setzen! Viele Unternehmen arbeiten schon lange nach diesem Grundsatz – mit Erfolg. Das Rad muss also nicht neu erfunden werden. Es gibt eine Fülle guter Ideen und praxisbewährter Projekte. Die INQA-Datenbank „Gute Praxis“ macht sie für andere Unternehmen und Organisationen zugänglich.

Sie finden die Sammlung unter www.gutepraxis.inqa.de. Bewährte Unternehmensbeispiele, praxiserprobtes Know-how in Form von Handlungshilfen und eine Menge Literatur zu den Themenfeldern

- Personalmanagement
- Diversity & Chancengleichheit
- Gesundheit
- Wissen & Kompetenz

bieten Unterstützung – und sind vielleicht Ansporn, eigene Vorhaben in Angriff zu nehmen.

INITIATIVE NEUE QUALITÄT DER ARBEIT

www.gutepraxis.inqa.de

Bildung einer Arbeitgebermarke

Im Meeting der Marketingabteilung der Max Muster GmbH steht heute die Überarbeitung der Unternehmenshomepage auf dem Programm. Einig ist man sich, dass die Menüführung zur Karriereseite zu kompliziert ist. Hitziger werden die Diskussionen, als von jungen Kollegen der Begriff Social Media fallen gelassen wird oder die Frage aufkommt, was denn grundsätzlich auf der Karriereseite stehen soll. Einige finden, dass „vielfältige Entwicklungsmöglichkeiten" oder „die Arbeit in einem engagierten Team" rein gar nichts aussagen. „Wie können wir dem Bewerber einen authentischen Eindruck von uns vermitteln, ohne in einen Topf mit BMW und BASF geworfen zu werden", war eine der Fragen. Und: „Unser Arbeitsplatz liegt zwar nicht direkt am Frankfurter Opernplatz, es ist aber doch Quatsch, dass wir nichts zu bieten haben. Das fängt doch schon damit an, dass unser Produktionsleiter bei jedem Bewerbungsgespräch persönlich anwesend ist ..." Die Sitzung wird vertagt mit dem Auftrag an alle, sich Gedanken zu machen, was die Arbeit bei der Max Muster GmbH so einzigartig macht.

Kompass Arbeitgebermarke – Kurs Fachkräftesicherung

Paula Thieme und Jochen Pett

A. Employer Branding und die Erfolgsfaktoren einer Arbeitgebermarke

Fach- und Nachwuchskräfte kennen ihren Marktwert und prüfen heute mehr denn je, welcher Arbeitgeber für sie in Frage kommt. Für die Unternehmen heißt dies, dass sie mehr dafür tun müssen, um als Arbeitgeber attraktiv zu sein, und dies gezielter.

> „Den Fachkräftemangel verschärfen könnte nach Auffassung der befragten Unternehmen die vergleichsweise geringe Bekanntheit des Unternehmens beziehungsweise seiner Produkte."

Die Diskussion in der Max Muster GmbH über die veraltete Karrierewebsite ist ein gutes Beispiel für diese Bemühung. Allein damit schafft der Mittelständler aber nicht die Differenzierung zu BMW und BASF. Mittelständler wie Max Muster haben die große Chance, bei den Bewerbern ein „gerichtetes Gefühl" zu erzeugen, das die Vorzüge jener Unternehmen unterstreicht. Einen Wettstreit der Werbebudgets wird der wackere Hidden Champion gegen die Großen immer verlieren. Die Arbeitgebermarke beziehungsweise Arbeitgeberpositionierung dient jedoch als Kompass zur Navigation Richtung Fachkräftesicherung durch Untiefen und Nebelbänke.

I. Employer Brand und Employer Branding

Der Begriff „Employer Branding" ist in der HR-Fachöffentlichkeit inzwischen Allgemeingut, doch die Spannbreite an Definitionen ist weit. Der Begriff „Employer Brand" wird oft synonym gesetzt mit einem bei den Zielgruppen „fest verankerten, unverwechselbaren Vorstellungsbild von einem Unternehmen als Arbeitgeber."[1] Ambler und Barrow, die den Begriff erstmalig prägten, stellen das Bündel von Mehrwerten in den Vordergrund, das Beschäftigte und Bewerber mit ihrer Arbeit bei einem Unternehmen verbindet:

„The Employer Brand can be defined as the package of functional, economic and psychological benefits provided by employment, and identified with the employing company. The ongoing company/employee relationship provides a series of exchanges of mutual benefit, and is an integral part of the company's total business network."[2]

Employer Brands resultieren aus einem erfolgreichen Employer Branding-Prozess, dem Aufbau einer Arbeitgebermarke. In Kurzform lässt sich Employer Branding als die „Profilierung eines Unternehmens als Arbeitgeber in der Wahrnehmung seiner Beschäftigten und potentiellen Bewerber" beschreiben.[3] Eine umfassendere Definition konkretisiert die externen und internen Wirkungsdimensionen sowie die Prozessanforderungen:

„Employer Branding ist die identitätsbasierte, intern wie extern wirksame Entwicklung und Positionierung eines Unternehmens als glaubwürdiger und attraktiver Arbeitgeber. Kern des Employer Brandings ist immer eine die Unternehmensmarke spezifizierende oder adaptierende Arbeitgebermarkenstrategie. Entwicklung, Umsetzung und Messung dieser Strategie zielen unmittelbar auf die nachhaltige Optimierung von Mitarbeitergewinnung, Mitarbeiterbindung, Leistungsbereitschaft und Unternehmenskultur sowie die Verbesserung des Unternehmensimages."[4]

1 So bei Forster, A., Erz, A., et al. (2009). Employer Branding. In: Tomczak, T., Esch, F., Kernstock, J., Herrmann, A.: Behavioral Branding. Wie Mitarbeiterverhalten die Marke stärkt. 2., aktualisierte und erweiterte Auflage (S. 277–293). Wiesbaden: Gabler Verlag. Ähnlich Petkovic, M. (2008). Employer Branding – Ein markenpolitischer Ansatz zur Schaffung von Präferenzen bei der Arbeitgeberwahl. München: Hampp.

2 Ambler, T., Barrow, S. (1996). The Employer Brand. Journal of Brand Management. Nr. 3, Jg. 4, S. 185–206.

3 Gmür, M., Martin, P., Karczinski, D. (2002). Employer Branding. Schlüsselfunktion im strategischen Personalmarketing. Personal. Zeitschrift für HR Management, Band 10, Jg. 54, S. 12–16.

4 Deutsche Employer Branding Akademie (14.4.2007). Definition Employer Branding: http://www.employerbranding.org/employerbranding.php.

Nachhaltig wirkende Arbeitgebermarken sind eng verknüpft mit Identität, Zielen und Kultur des Unternehmens. So ist gewährleistet, dass Arbeitgeber- und Unternehmensmarke miteinander harmonieren. Employer und Corporate Branding sind, wie im Folgenden gezeigt wird, aufeinander bezogen. Zudem strahlt das Employer Branding nicht nur auf die externen Arbeitsmärkte ab, sondern auch in das Unternehmen hinein. Exemplarisch wird deshalb dargestellt, wie sich Employer Branding zu Internal Branding und Leadership Branding verhält.[5]

1. *Corporate Branding*

Corporate Branding bezeichnet den Aufbau von Unternehmensmarken, die Auftritt und Verhalten eines Unternehmens prägen und profilieren. Ziel von Corporate wie Employer Branding ist es, zur Wettbewerbsfähigkeit und Wertentwicklung des Unternehmens beizutragen.[6] Dabei bezieht sich das Corporate Branding auf das Unternehmensimage generell und richtet sich grundsätzlich an alle Bezugsgruppen, sei es im Absatzmarkt, im Finanzmarkt, im Beschaffungsmarkt, im öffentlichen Meinungsmarkt oder im politisch-administrativen Umfeld. Arbeitsmarkt und Mitarbeiter zählen ebenfalls dazu, stehen aber nicht im Fokus. Tendenziell spielt die externe Perspektive eine größere Rolle als beim Employer Branding. Corporate und Employer Branding stehen mithin in enger Wechselwirkung. Aber auch Produktmarken können Einfluss auf die Attraktivität eines Arbeitgebers haben.

5 Zu den Inhalten und Wechselwirkungen der drei wichtigsten, unternehmensbezogenen Brandingdisziplinen vgl. Foster, C, Punjaisri, K., Cheng R. (2010). Exploring the relationship between corporate, internal and employer branding. Journal of Product & Brand Management, Band. 19 Nr. 6, S. 401–409.

6 Zur wertorientierten Unternehmensmarke als Instrument der Unternehmensführung: Hatch, M. J., Schultz, M. (2008). Taking Brand Initiative: How Companies Can Align Their Strategy, Culture and Identity Through Corporate Branding. San Francisco: Jossey-Bass. Sowie: Hatch, M. J., Schultz, M., Larsen, M. H. (2000). The Expressive Organization: Linking Identity, Reputation and the Corporate Brand. Oxford: Oxford University Press. Im deutschsprachigen Raum: Esch, F.-R., Tomczak, T., Kernstock, J., Langner, T. (2004). Corporate Brand Management: Marken als Anker strategischer Führung von Unternehmen. Wiesbaden: Gabler Verlag.

2. *Product Branding*

Produkte oder Dienstleistungen, die in der Wahrnehmung der Konsumenten dauerhaft mit einem bestimmten Image verknüpft sind, gelten als Marken. Ihnen werden sowohl kognitiv als auch affektiv unverwechselbare Merkmale zugeschrieben.[7] Im Vergleich zum Corporate oder Employer Branding jedoch agiert das Product Branding kurzfristiger, ist stärker nachfragegetrieben und an aktuellen externen Erwartungen ausgerichtet. Die mit dem Produkt verbundenen Nutzenversprechen und Assoziationen werden häufig übersteigert, um im Überangebot der Märkte Aufmerksamkeit auf das Produkt lenken zu können. Wenn es indes um einen Arbeitsplatz geht und damit um die Zukunft eines Menschen, sind Übertreibungen problematisch. Wer eine neue Stelle antritt, begibt sich in Abhängigkeiten und verpflichtet sich zu Leistungen, während die Informationen über die Arbeitsplatzrealität niedrig sind und das empfundene Risiko hoch. Mit irreführender Personalwerbung riskiert der Arbeitgeber die Enttäuschung des Mitarbeiters. Folgen nicht eingelöster Versprechen können sein: Frustrierte Mitarbeiter, geringe Motivation, schlechtes Betriebsklima, innere Kündigung, Abwanderung von Insiderwissen, Verlust von HR-Investitionen.[8]

Die Funktionslogik des Product Brandings ist in Teilen auf das Employer Branding übertragbar, etwa das Streben nach Markenbekanntheit oder der Aufbau eines attraktiven Markenimages.[9] Die Anforderungen im Arbeitsmarkt unterscheiden sich jedoch grundlegend von denen im Absatzmarkt. Demzufolge kann es beim Employer Branding nicht allein darum gehen, in Analogie zum Product Branding das Produkt „Arbeitsplatz" zu verkaufen.

7 Zum Kontext von Produktmarketing und Marke: Kotler, Ph., Armstrong, G. (2008). Principles of Marketing. Upper Saddle River: Prentice Hall International.

8 Zum Effekt eines auch intern wirksamen Employer Brandings auf das Mitarbeiterengagement siehe Kunerth, B., Mosley, R. (2011). Applying employer brand management to employee engagement. Strategic HR Review, Band 10 Nr. 3, S.19 – 26.

9 Hierzu und speziell zum markenwertorientiertem Branding: Aaker, D. A. (1995). Building Strong Brands. New York: Simon & Schuster. Die Marke als Nutzenbündel mit differenzierender Wirkung in: Meffert, H., Burmann, Ch., Koers, M. (2005). Markenmanagement. Identitätsorientierte Markenführung und praktische Umsetzung (2. Aufl.). Wiesbaden: Gabler Verlag.

3. *Internal Branding*

Internal Branding ist ein operativer Prozess, der über weite Strecken dem internen Employer Branding entspricht, jedoch die interne Vermittlung der Corporate und Product Brands sowie das Involvement der Mitarbeiter in die Markenbildung in den Fokus rückt.[10] Klassischerweise ergibt sich eine große Schnittmenge mit dem Employer Branding – sofern es nicht auf Recruiting-Kommunikation verkürzt wird. Wie gezeigt, ist ein strategisch fundiertes Employer Branding mit der „einen Marke" des Unternehmens eng verbunden, bezieht sich dabei jedoch auf dessen Funktion als Arbeitgeber beziehungsweise als Akteur im Arbeitsmarkt. Es geht über die Kategorien der internen Markenkommunikation insofern hinaus, als die Positionierungsstrategie handlungsleitend für reale Veränderungsprozesse ist. Somit zielt es nicht nur auf die interne Vermittlung der Marke beziehungsweise Arbeitgebermarke, sondern auch auf eine Bewusstseins- und Verhaltensänderung bei Mitarbeitern und Führungskräften sowie auf die Weiterentwicklung der Organisation insgesamt.

4. *Leadership Branding*

Leadership Branding ist die Entwicklung einer an der Unternehmensmarke ausgerichteten Führungskultur. Es soll Manager im Sinne der Marke orientieren und so befähigen, selbst Orientierung zu stiften, zu diesem Zweck wird das Instrumentarium der Organisationsentwicklung, der Führungskräfteentwicklung und des Coachings genutzt. Oft haben starke Gründerfiguren und Einzelpersönlichkeiten ein unternehmenstypisches Führungsverständnis geprägt. Beim Leadership Branding werden die Muster und Werte dieses Führungsverständnisses analysiert und mit den Zukunftsanforderungen des Unternehmens in Einklang gebracht.[11] Dabei dient die Markenstrategie des Unternehmens dem Leadership Branding-Prozess als normative Richtschnur. Diese ist auch für das Employer Branding ein zentraler Referenzpunkt. Allerdings definiert das Employer Branding mit der Arbeitgeberpositionierung einen eigenständigen normativen Rahmen.

10 Vgl. Goom, S., MacLaverty, N., McQuillan, P., Oddie, H. (2008). Internal Branding. A Human Resources Perspective, Canadian Marketing Association.

11 Vgl. Ulrich, D., Smallwood, N., Intagliata, J. (2000). Leveraging Leadership Competencies to Produce Leadership Brand, Human Resources Planning, Band 23.4, S. 12–23.

5. *Employer Branding im Markenkontext*

Die Begriffe Leadership Branding und Internal Branding setzen das Vorhandensein einer Positionierung in der Regel voraus. Beim Corporate Branding geht es, wie beim Employer Branding, zunächst um die Schaffung von normativen und strategischen Grundlagen, die das operative „Branding“ erst positionierungswirksam machen. Produktmarken berühren das Employer Branding indirekt in Form von Imagetransfers auf den Arbeitgeber.

III. Arbeitgebermarke als Kulturgut

1. *Glaubwürdigkeit*

Während der Bewerber persönliche Informationen preisgibt, ist seine Entscheidung für oder gegen einen Arbeitgeber mit Unsicherheiten und Risiken behaftet. Diese sind umso größer, je asymmetrischer die Information verteilt ist[12]: Dem Arbeitsuchenden fehlen im kritischen Moment der Entscheidung die spezifischen Erfahrungswerte, um beurteilen zu können, ob er das „richtige“ Angebot annimmt. Erst im Nachhinein hat er Gewissheit. Bis dahin muss er sich auf die offizielle Darstellung von Job, Arbeitsumfeld und -erleben verlassen.

Eine wichtige Funktion der Arbeitgebermarke ist es daher, diesen informationsökonomischen Graben zu überbrücken. Dies gilt besonders, seit sich weite Bereiche des Arbeitsmarkts in einen „Käufermarkt“ gewandelt haben, in dem sich statt der Bewerber die miteinander konkurrierenden Arbeitgeber bewerben – mit der Arbeitgebermarke als Signal der Vertrauenswürdigkeit und Attraktivität.[13] Als „Employer of Choice“ steigern Arbeitgeber die „Verkaufchancen“ für ihr Jobangebot beträchtlich.[14] Dazu müssen sie allerdings einen mehrstufigen Selektionsprozess beste-

12 Neben Stiglitz und Akerlof hat unter den Begründern der Informationsökonomik vor allem Michael Spence diese Asymmetrie untersucht: Spence, M. (1973). Job Market Signaling. In: Quarterly Journal of Economics. Band 87, Nr. 3, S. 355–374.

13 Speziell das Social Web trägt dazu bei, die Informationsasymmetrie einzuebnen. Wie Arbeitgeber sich darauf einstellen, dazu u. a.: Beck, C. (Hrsg.) (2008). Personalmarketing 2.0: Vom Employer Branding zum Recruiting. Köln: Luchterhand Verlag.

14 Stotz, W., Wedel, A. (2009). Employer Branding. Mit Strategie zum bevorzugten Arbeitgeber. Oldenburg: Wissenschaftsverlag.

hen: Unter den ihm bekannten Arbeitgebern trifft der Bewerber eine Vorauswahl derer, die seinen Mindestanforderungen genügen. Das weitere Abwägungs-, Ausschluss- und Bewertungsverfahren mündet in der Bildung eines „Relevant Sets“, das die Arbeitgeberpräferenzen des Bewerbers widerspiegelt. Die Arbeitgebermarke leistet einen wesentlichen Beitrag dazu, in den „Relevant Sets“ der Jobsuchenden präsent zu sein.

Weckt der Arbeitgeber Erwartungen, die durch das Erleben der realen Arbeitswelt nicht eingelöst werden, kann dies Enttäuschung hervorrufen. Mitarbeiter messen ihre Erfahrung im Arbeitsalltag an Soll-Standards, ihren Erwartungshaltungen, die aus Vorwissen und Vergleich resultieren. Werden diese Erwartungen durch eigenes Erleben bestätigt oder übertroffen (Confirmation), ist dies der Nährboden für Mitarbeiteridentifikation und -engagement oder, im umgekehrten Fall (Disconfirmation), der Beginn negativer Empfindungen und Haltungen in Bezug auf den Arbeitgeber.[15] Daraus ergibt sich, dass, wer die Entwicklung seiner Arbeitgebermarke steuern will, nicht allein in den Kategorien des Personalmarketings denken sollte, sondern auch und zuerst in denen der Organisations- und Kulturentwicklung. Das angestrebte Arbeitgeberimage muss in Einklang stehen mit der faktischen Arbeitgeberqualität. Da es aufwendig ist, in allen Bereichen der Arbeitgeberattraktivität besonders gut zu sein, sollten Unternehmen eigene Akzente setzen. Basiert eine Arbeitgebermarke auf einer fundierten Positionierung, gibt sie dafür den richtigen Orientierungsrahmen vor.

2. *Identität und Identifikation*

Viele „solide“ Arbeitgeber werden in Bezug auf Themen wie Karrierepfade, Weiterbildungsangebote oder Work-Life-Balance ähnlich wahrgenommen. Und so ähneln sich auch die Inhalte ihrer Arbeitsmarktauftritte. Für Mitarbeiter und Bewerber sind diese klassischen Qualitätsmerkmale zudem häufig schon selbstverständlich geworden. Ein bestimmtes Qualitätsniveau der HR-Instrumente ist zwar notwendig, aber nicht hinreichend, um eine attraktive Arbeitgebermarke aufzubauen. Ein nachhaltiges Employer Branding rekurriert deshalb auch auf dessen Identifikationsfaktoren und Differenziatoren. Sie speisen sich meist aus der Kultur, den gelebten Werten, dem gemeinsamen Selbstverständnis sowie den Zielen im Unternehmen.

15 Zum C/D-Paradigma: Nerdinger, F. W., Neumann, Ch. (2007). Kundenzufriedenheit und Kundenbindung. In: Moser, K. (Hrsg.): Wirtschaftspsychologie (S. 127–146). Heidelberg: Springer Verlag.

Diese weichen Faktoren sind prägend dafür, wie die Mitarbeiter ihre Arbeit und ihren Arbeitgeber erleben, welche emotionale Bindung sie zu ihm entwickeln, wie loyal und engagiert sie sind.[16] Vor allem aber sind sie arbeitgeberspezifisch. Gerade die Unternehmenskultur ist in ihren Facetten und Ausprägungen in jedem Unternehmen individuell und einzigartig. Sie setzt sich aus unterschiedlichen Bausteinen zusammen. Einige sind explizit, etwa Leitbilder, Soll-Werte, Rituale, Legenden, Prozesse und Strukturen. Andere sind implizit, etwa Einstellungen, informelle Werte, Gefühle, Tabus, Beziehungen, Denkmuster, Menschenbild und Klima.[17] So unterscheidet der Organisationspsychologe Edgar Schein in seinem „Kulturebenen-Modell" die formelle Ebene der „Artefakte" und offenkundigen Verhaltensweisen, die darunter liegende emotionale Ebene der kollektiv als richtig empfundenen Werte sowie die tief verwurzelte Ebene der unhinterfragten, unbewussten Grundannahmen, die wesentlichen Einfluss auf die tatsächlich gelebte Kultur hat.[18]

3. *Kulturelle Passung*

Ein auf der Unternehmenskultur und -identität beruhendes Employer Branding kann den Arbeitgeber in glaubwürdiger Weise profilieren und differenzieren. Insbesondere definiert es eine kulturelle Passung („Cultural Fit"), die es erlaubt, gezielter die fachlich wie persönlich bestgeeigneten Kandidaten zu rekrutieren sowie Mitarbeiter nach den Kriterien des Cultural Fit zu bewerten und zu fördern. Nach diesen Maßgaben ausgesuchte Mitarbeiter integrieren sich im Idealfall schneller und intensiver in das Unternehmen und empfinden dabei eine gewisse Übereinstimmung mit eigenen Werten und Grundhaltungen, die sich positiv auf das Engagement auswirken kann.[19]

16 Vgl. Hauser, F., Schubert A., Aicher, M. (2007). Unternehmenskultur, Arbeitsqualität und Mitarbeiterengagement in den Unternehmen in Deutschland. Berlin: Bundesministerium für Arbeit und Soziales.

17 Primär: Schein, E. (1985). Organizational Culture and Leadership: A Dynamic View (S. 9ff). San Francisco: John Wiley & Sons. Zur organisationalen Rolle der kulturellen Passung u. a. Cooke, R.A. (1987). The Organizational Culture Inventory. Plymouth: Human Synergistics.

18 Schein, E. (1995): Unternehmenskultur. Ein Handbuch für Führungskräfte. Frankfurt: Campus Verlag.

19 Meyer, J. P., Allen, N. J. (1991). A three-component conceptualization of organizational commitment: Some methodological considerations, Human Resource Management Review, Band 1, S. 61–98.

B. Wertschöpfungsprozess Employer Branding

I. Methodisch vorgehen: das Prozessmodell des Employer Brandings

Employer Branding bezeichnet den Prozess, mit dem sich ein Unternehmen als Arbeitgebermarke bei seinen Zielgruppen positioniert. Abbildung 1 zeigt das Employer Branding Prozessmodell der Deutschen Employer Branding Akademie, auf das im Folgenden näher eingegangen werden soll.

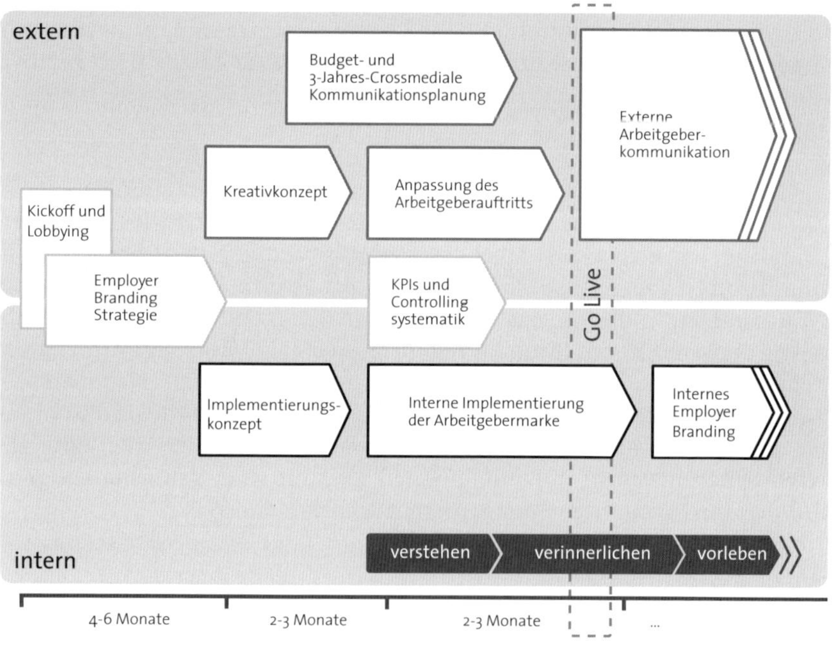

Abbildung 1: Employer Branding Prozessmodell (Quelle: Deutsche Employer Branding Akademie, 2012: Das Employer Branding Prozessmodell, http://www.employerbranding.org/download_center.php, 16.04.2012).

1. *Kick-Off und Lobbying: Schaffung Erfolg versprechender Rahmenbedingungen*

Entscheidende Weichen werden im Vorfeld eines Employer Branding-Prozesses gestellt. So wird die Akzeptanz für den Prozess umso größer sein, je klarer die Erwartungen bei allen Stakeholdern sind. Von Beginn an sollte die Unterstützung des Managements gewährleistet sein; denn es muss die Veränderungen mittragen, die sich aus dem Prozess ergeben. Zudem verdeutlicht das Management-Commitment die Verbindlichkeit und den strategischen Stellenwert des Prozesses.

Employer Branding ist ein bereichsübergreifender Prozess, in den alle wichtigen Stakeholder und Kompetenzbereiche eingebunden werden sollten. Dabei hat sich in der Praxis eine zweistufige Organisationsform bewährt: ein Projektteam auf Arbeitsebene sowie ein erweitertes, entscheidungsfähiges Steuerungsgremium. Auf diese Weise wird die Projektstruktur schlank und handlungsfähig gehalten, zugleich aber den Projektergebnissen breite Zustimmung gesichert. Wichtige Grundsatzfragen sollten vorab beantwortet sein: Existiert ein gemeinsames Employer Branding-Verständnis? Besteht Einigkeit über Richtung und Ziele des Prozesses? Sind die Schritte auf dem Weg zur Arbeitgebermarke allen Beteiligten klar? Auch die inhaltlichen Rahmenbedingungen sollten im Vorfeld geklärt werden, etwa die Anforderungen, die sich aus der personalstrategischen Ausrichtung sowie aus unternehmensstrategischen und markenpolitischen Vorgaben ableiten.

2. Employer Branding-Strategie

Erster Schritt: Die Analyse

Den ersten Schritt bildet eine Statusanalyse, die selbstehrliche Bestandsaufnahme und Standortbestimmung des Arbeitgebers. Welches Bild vermittelt er im Bewerbermarkt? Sind die dort geweckten Erwartungen durch die faktische Arbeitgeberqualität gedeckt? Wie stimmig und profilscharf ist der Arbeitgeberauftritt über die verschiedenen Kanäle hinweg? Welche Ziele und Soll-Größen definieren den Prozesserfolg? Weiterhin wird das Umfeld analysiert, vor allem Arbeitsmarkt, Wettbewerb und Zielgruppen. Die Diagnose der relevanten Zielgruppen beinhaltet Kommunikationsverhalten und -netze, Präferenzen und Suchverhalten bei der Arbeitgeberwahl. Die Wettbewerbsbetrachtung liefert Aufschluss über Differenzierungspotenziale. Entscheidend für die Ausarbeitung einer Soll-Positionierung ist die Ermittlung des Positionierungskapitals. Die Hauptquelle dafür ist die Unternehmenskultur. Zunächst werden dazu die potenziell positionierungsrelevanten Eigenschaften des Arbeitgebers gesammelt.

Die ermittelten Eigenschaften und Attraktivitätsmerkmale werden in einem letzten Schritt bewertet: Welche Aspekte sind für den Aufbau der Arbeitgebermarke überhaupt wichtig? Wie glaubwürdig sind die Aspekte? Wie gut passen Ziele, Werte und Kultur(en) des Arbeitgebers zusammen? Inwiefern entsprechen die Aspekte der Unternehmensstrategie? Welche Treiber, Barrieren und Chancen für den Aufbau der Arbeitgebermarke lassen sich identifizieren? Ergebnis der Analyse ist ein umfassendes Bild der Positionierungsdimensionen und der inneren Verfasstheit des Unternehmens. Bei der Max Muster GmbH zum Beispiel erbrachte die Analyse, wie sehr die direkt nach dem Studium eingestiegenen Mitarbeiter die Freiheitsgrade zu schätzen wissen und die Chance, ihre Aufgaben eigenverantwortlich zu gestalten. Erfahrene Jobwechsler aus Großunternehmen loben die kurzen Wege zu Management und Markt sowie die unkomplizierte Verbundenheit im fachkompetenten Kollegenkreis. Fast alle Mitarbeiter fühlen sich wohl bei ihrem Arbeitgeber, speziell wegen der flexiblen Arbeitsorganisation. Sie sind stolz auf ihre Arbeit, bedauern aber, dass sie allgemein wenig bekannt ist: Erst die stetig weiterentwickelten Max Muster-Grundstoffe verleihen den Farben der auf allen Straßen präsenten, renommierten Automarken besondere Eigenschaften.

Zweiter Schritt: Die Ausarbeitung der Arbeitgeberpositionierung

Die Arbeitgeberpositionierung definiert das Arbeitgeberprofil und die Markenpersönlichkeit des Arbeitgebers. Dem Unternehmen dient sie dabei als roter Faden für den strategischen Aufbau des Arbeitgeberimages sowie die organisationale und kulturelle Weiterentwicklung. So wird geklärt: Wofür steht das Unternehmen als Arbeitgeber? Was ist das Besondere, vielleicht Einzigartige, das diesen Arbeitgeber von anderen unterscheidet? Welche Menschen passen nicht nur fachlich, sondern auch persönlich-kulturell am besten in das Unternehmen, so dass sie dort zu Höchstleistungen auflaufen und sich dabei wohl fühlen? Auch die Max Muster GmbH leitet die Antworten auf diese normativen Fragen aus dem ermittelten Positionierungskapital ab – rund um die Aspekte Nähe/Verbundenheit, Freiheitsgrade/Eigenverantwortung und den Stolz auf die Leistung, ein Hidden Champion zu sein. Sie formuliert auch klar ihre Erwartungshaltung an Bewerber: neben fachlicher Tiefe und Hingabe an die Sache auch die Bereitschaft, verlässlich ein breites Aufgabenfeld abzudecken, sich eng mit dem Team zu verzahnen und – bei aller Verlässlichkeit und Stetigkeit – stets einen wachen Blick für Verbesserungen und unerwartete Ereignisse zu haben.

Dritter Schritt: Die Kommunikationsstrategie

Die Kommunikationsstrategie „übersetzt" die identitätsbasierte Positionierung in die Sprachen der Zielgruppen. Nach einer arbeitgeberspezifischen Segmentierung der Zielgruppen werden aus der Positionierung zielgruppendifferenzierte Kernbotschaften abgeleitet, die den Adressaten besonders eingängig vermitteln, für wen und warum dieser Arbeitgeber so attraktiv ist. Diese Botschaften richten sich nicht nur nach außen, an den Bewerbermarkt, sondern auch nach innen, an die eigene Belegschaft. Als inhaltliche Untermauerung können diesen Botschaften Sachthemen zugeordnet werden. Mit ihnen lässt sich substanziell belegen, woran Mitarbeiter in der Unternehmensrealität erleben, dass die Arbeitgeberpositionierung glaubwürdig ist. Die daraus resultierende Zielgruppen-Themen-Matrix weist jeder Zielgruppe die adäquaten Themen zu und fungiert so als Wegweiser für die strategische Zielgruppenansprache. Die Max Muster GmbH identifiziert zunächst möglichst genau ihre relevanten Zielgruppen und die für sie erreichbaren Zugänge, etwa Fachforen oder regionale Bildungseinrichtungen. Hier gilt es, Bekanntheit aufzubauen und vor allem Anreize zu setzen, mit der Max Muster GmbH persönlich in Kontakt zu treten. Unter anderem baut man dazu Arbeitgeber-PR sowie Referral-Programme aus. Flankierend setzt die Max Muster GmbH durch Kooperationsprojekte Akzente im Bereich „Frauen in Technikberufen" sowie „Talente mit Migrationsintergrund". Zwar sind die Botschaften auf die jeweilige Zielgruppe und deren Kommunikationskanäle gemünzt, der inhaltlich gemeinsame Nenner bleibt dabei aber stets gewahrt: die Arbeitgeberpositionierung.

3. *Implementierungskonzept*

In der Implementierungsphase wird der Boden bereitet für den operativen Aufbau der Arbeitgebermarke durch Externes und Internes Employer Branding. Dabei gilt es, mit Hilfe eines kreativ-werblichen Einführungskonzepts zu vermitteln, warum das Unternehmen sich als Arbeitgeber gerade so und nicht anders positionieren will, was der Nutzen für alle Beteiligten ist und welcher Beitrag von jedem Einzelnen erwartet wird. Um bei allen Beteiligten ein einheitliches Employer Branding-Verständnis zu erzeugen, sollte das Implementierungskonzept entsprechende Briefing-, Dialog- und Coachingelemente enthalten.

4. Interne Implementierung der Arbeitgebermarke

Entscheidend für das Gelingen des Employer Brandings ist eine sorgfältige interne Implementierung. Sie setzt bei den eigenen Führungskräften und Mitarbeitern an und bringt die Organisation von Anfang an auf Positionierungskurs. Je konkreter alle Mitarbeiter die Arbeitgebermarke erleben können, je mehr sie spüren, was diese Marke für sie verändert und verbessert, desto intensiver werden sie später für sie eintreten und sie durch ihr Verhalten auch nach außen tragen. Es gilt, die Arbeitgeberpositionierung intern so zu etablieren, dass sie verstanden und verinnerlicht wird – und dabei die Mitarbeiter so zu begeistern, dass sie zu Vertretern und nötigenfalls Verfechtern der Arbeitgebermarke werden. Deshalb nutzt eine effektive Implementierung auch intern schon die ganze Palette der Gestaltungsmöglichkeiten von reinen Informationsmedien, über Kampagnen, Aktionen, Events und Ambientmedien bis hin zu Training und Coaching.

5. Kreativkonzept

Eine der größten Bruchstellen bei der Entwicklung einer Arbeitgebermarke liegt in der Übersetzung der Strategie in die Kreation. Dem vorgeschaltet ist deshalb ein Kreativkonzept, das sich aus der Arbeitgeberpositionierung ableitet und die Grundlage für die kreative Entwicklungsleistung darstellt. Die Positionierung gibt dem kreativen Prozess Rahmen und Richtung vor, liefert Maßstäbe zur Bewertung seiner Ergebnisse, determiniert oder gängelt ihn aber nicht.

6. Anpassung des Arbeitgeberauftritts

Der Arbeitgeberauftritt prägt das charakteristische Erscheinungsbild eines Arbeitgebers und macht die Arbeitgebermarke durchgehend sicht- und erkennbar. Er umfasst mediale Äußerungen, darunter die „Klassiker“ wie Anzeigen, Homepage, soziale Netzwerke, Broschüren oder Messestand, aber auch weniger offenkundige Medien wie Raumdesign oder Ambientmedien, mit denen die Arbeitgebermarke im täglichen Umfeld der Zielgruppe präsent ist. Nicht nur über alle Medien hinweg muss der Arbeitgeberauftritt einen stimmigen Gesamteindruck vermitteln. Er muss auch inhaltlich konsistent sein, in allen Facetten auf die Arbeitgeberpositionierung verweisen und ein emotional positiv aufgeladenes Vorstellungsbild vermitteln. Inwiefern der Auftritt die gewünschte Wirkung bei den Adressaten erzielt, kann getestet werden, bevor der Arbeitgeber an die Öffentlichkeit geht: Wirkt der Auftritt einheitlich? Greifen die Medien ineinander? Ist eine kreative

Leitidee erkennbar? Weckt sie die Aufmerksamkeit der Zielgruppen? Und weckt sie die gewünschten Assoziationen?

7. *Budget- und crossmediale Kommunikationsplanung*

Die Planung von Budgets und Maßnahmen ist beim Employer Branding eine eigenständige Gestaltungsaufgabe, die Assoziationsvermögen, planerische Kreativität und vernetztes Denken erfordert. Planungsergebnis ist eine strategische Landkarte der Arbeitgeberkommunikation. Dieses Instrument dient zur Verknüpfung der Maßnahmen, Kommunikationskanäle, Themen und Einzelbudgets. Es stimmt sie so aufeinander ab, dass sie sich wechselseitig verstärken. Der übergreifende Planungsprozess sorgt nicht nur für größere Klarheit und bessere Planungsübersicht, sondern auch für höhere Budgetsicherheit und effizienteren Ressourceneinsatz unter anderem in Personal- und Hochschulmarketing. So minimiert der Planungsprozess die Streuverluste, erlaubt eine höhere Zielgenauigkeit der Arbeitgeberkommunikation und maximiert so die Positionierungswirksamkeit des Arbeitgeberauftritts bei den Zielgruppen.

8. *Internes Employer Branding*

Bei der Erfüllung des Markenversprechens übernimmt das Interne Employer Branding eine zentrale Funktion, indem es die Arbeitgebermarke innerhalb der Organisation erlebbar macht und sie kontinuierlich an der Arbeitgeberpositionierung ausrichtet. Die Handlungsfelder des Internen Employer Brandings lauten Führung, interne Kommunikation, Gestaltung der HR-Produkte und -Prozesse („HR-Portfolio") sowie der Arbeitswelt.

Im Handlungsfeld „Führung" wird die Arbeitgeberpositionierung in Managementpraxis, Führungsstil sowie Führungskräfteentwicklung zur Geltung gebracht, zum Beispiel durch Führungsleitlinien, Führungskräfte-Beurteilung, Trainee-Ausbildung oder Coaching. Das Handlungsfeld „Interne Kommunikation" umfasst neben klassischen Medien wie Intranet oder Mitarbeiterzeitung unter anderem auch Kommunikationsformen wie Innenraumgestaltung, Aktionsformate, Onboarding-Events oder etwa die informelle Mitarbeiterkommunikation („Flurfunk").

Zum Handlungsfeld „HR-Portfolio" zählen alle mitarbeiterorientierten Angebote entlang der HR-Wertschöpfungskette – etwa Karrierepfade, Förder- und Weiterbildungsprogramme, Sozialleistungen sowie die dahinter liegende Personalarbeit. Gleichzeitig gibt das Interne Employer Branding dem Unternehmen eine Richtschnur an die Hand, um seine Arbeitgeberqualität gezielt zu verbessern, so dass sie den Arbeitgeber unverkennbar profiliert und die Arbeitgebermarke verstärkt. Auf diese Weise übersetzt Internes Employer Branding eine Positionierungsstrategie in täglich erlebbare Arbeitgeberqualität.

Beim Handlungsfeld „Gestaltung der Arbeitswelt" geht es schließlich um die aufgabenbezogenen Gestaltungsspielräume, denn die Arbeitswelt ist Quelle von Stolz, Selbstwertgefühl und Teamerlebnis. Ansatzpunkte sind hier zum Beispiel Teamorganisation, Arbeitszeitmodelle oder die Anreicherung der Tätigkeitsprofile. Das Interne Employer Branding initiiert so einen kontinuierlichen Bewusstseins- und Verhaltenswandel im Sinne der Arbeitgeberpositionierung. Es macht die Arbeitgebermarke nach und nach zu einem fundamentalen „Kulturgut" des Unternehmens und schärft das gemeinsame Selbstverständnis im Unternehmen.

9. Externe Arbeitgeberkommunikation

Mit neu konzipiertem und gestaltetem Auftritt betritt der Arbeitgeber die Bühne der Arbeits- und Meinungsmärkte. Dabei nimmt die Vielfalt der kommunikativen Anwendungen kontinuierlich zu. Imagewerbung und Personalmarketing finden längst nicht mehr nur in den klassischen „Above-the-Line-Medien" statt, also in Leitmedien wie Anzeigen, Website oder Messen/Events. Eine immer größere Rolle spielen „Below-the-Line-Medien", darunter Ambient-Werbung in der „natürlichen Umgebung" der Zielgruppe, virales Marketing nach dem Prinzip Mundpropaganda, Social Media und Web 2.0-Anwendungen, etwa Podcasts oder Blogs.

Die Externe Arbeitgeberkommunikation umfasst vier Handlungsfelder. Die „Arbeitsmarktkommunikation" erstreckt sich unter anderem auf Personalwerbung, Hochschulmarketing, Internet oder Recruiting-Veranstaltungen. Zum „Networking" zählen Empfehlungsprogramme (Referrals), Alumniprogramme oder Social Networks und Web 2.0-Aktivitäten. Kern des „Bewerbermanagements" ist ein Konzept, das über alle Berührungspunkte der Bewerber hinweg ein konsistentes Erleben der Arbeitgebermarke gewährleistet. Der Bereich „Corporate Reputation" beschreibt den Transfer zwischen Unternehmens- und Arbeitgeberimage. Damit das Externe Employer Branding ein ebenso attraktives wie glaubwürdiges Arbeitgeberimage entwickelt, im Rekrutierungsmarkt eine Arbeitgebermarke aufbaut und dabei den „Cultural Fit" vermittelt, braucht es Konsistenz, Konstanz und Konsequenz in der operativen Umsetzung. Deshalb richten sich alle operativen Einzelmaßnahmen an den Vorgaben der Arbeitgeberpositionierung und an der Gesamtdramaturgie aus.

10. KPIs und Controllingsystematik

Als Wertschöpfungsprozess, der in viele Bereiche hineinwirkt, bietet das Employer Branding eine Fülle von Ansatzpunkten zum Messen und Steuern. So lässt sich beispielsweise anhand von Leistungskennzahlen (Key Performance Indicators) der Fortschritt bei der Erreichung der Employer Branding Ziele gut nachverfolgen. Wie der Controllingprozess zugeschnitten sein soll und welche Kennzahlen definiert werden, ist individuell festzulegen. Dennoch gibt es allgemeingültige Leitfragen, wie zum Beispiel: Inwiefern stimmen Ist- und Soll-Positionierung inhaltlich überein? Welche Maßnahmen tragen im Sinne der Positionierung zum Aufbau der Arbeitgebermarke bei? Wie effizient werden die Mittel eingesetzt und was bewirken sie? Wo muss nach- oder umgesteuert werden? Schon in der Analysephase sollten geeignete Kriterien bestimmt und eine Nullmessung durchgeführt werden, die als Vergleichswert und Erfolgsmaßstab genutzt werden kann. Zu einigen Erfolgskriterien des Employer Brandings werden in den Unternehmen oft bereits Daten erhoben, etwa zur Recruitingeffizienz, zur Bewerberpassung, zur Personalentwicklung, zur Haltung der Mitarbeiter oder zur Werbewirkung der Personalmarketing-Medien.

II. Sicher navigieren: Employer Brand Management

Um die Arbeitgebermarke effektiv zu steuern, werden objektivierbare Kriterien benötigt, mit denen sich bestimmen lässt, wie gut eine Arbeitgebermarke ihre Erfolgsfaktoren nutzt. Dabei reicht es nicht, punktuell Effekte zu messen oder einzelne Aspekte herauszugreifen und nebeneinander zu stellen, etwa Mitarbeiterzufriedenheit oder Beliebtheit im Arbeitsmarkt. Die Qualitätsmaßstäbe sollten die interne und die externe Dimension der Arbeitgebermarke abdecken und die gesamte Prozesskette abbilden, um dem Employer Brand Management Entscheidungsgrundlagen an die Hand zu geben.

Das Erfolgspotenzial einer Arbeitgebermarke entscheidet sich bereits mit der Arbeitgeberpositionierung. Dazu müssen Manager und Mitarbeiter die Positionierung kennen und ein gemeinsames Verständnis ihrer Arbeitgebermarke entwickeln. Zu prüfen wäre demnach, wie gut die Arbeitgebermarke intern implementiert ist und ob die Mitarbeiter wissen und akzeptieren, über welche Inhalte sich der Arbeitgeber positioniert. Überprüfbar ist dies zum Beispiel daran, in welchem Maß sich die Mitarbeiter den Grundwerten und Richtlinien der Arbeitgebermarke entsprechend verhalten.[20] Auch, ob sie gerne und gut über ihren Arbeitgeber reden oder ihn weiterempfehlen. Ein weiterer Qualitätsmaßstab ist die Konsistenz des Arbeitgebermarkenauftritts. Wird er über alle Kommunikationskanäle als widerspruchsfrei erlebt? Wird die Positionierung der Arbeitgebermarke erkennbar? Wurde das Profil klar herausgestellt oder ist es eher zwischen den Zeilen zu finden? Qualifizierte Job-Suchende erwarten heute schon frühzeitig einen authentischen, orientierenden Einblick ins Unternehmen. Unstimmigkeiten werden in Zeiten des Social Web schnell entlarvt und mit einem Image-Malus geahndet. Aus diesem Grund ist es ein zentraler Qualitätsmaßstab, ob der Außenauftritt des Arbeitgebers als glaubwürdig empfunden wird.[21]

Die Suche nach der Einzigartigkeit der Max Muster GmbH hat allen Beteiligten klar gemacht, dass der Aufbau und die Pflege einer Arbeitgebermarke Regeln folgt, die sich nur bedingt mit (Produkt-)Werbung vergleichen lassen. Der Employer Branding-Prozess hat zudem das Bewusstsein gesteigert, dass das Markenversprechen eines Mittelständlers auch dann Gewicht hat, wenn es nicht die Stereotypen Großkonzern, Internationalität und starke Produktmarke bedient. Die Max Muster GmbH ist selbstbewusster geworden.

20 Zur bewusstseins- und verhaltenswirksamen Dimension des Employer Brandings: Kalka, R., Lux, D. (2011). Bedeutung, Ansätze und organisatorische Verankerungen von Employer und Behavioral Branding in Unternehmen: Eine explorative empirische Untersuchung. Forschungsberichte des Fachbereichs Wirtschaft der Fachhochschule Düsseldorf, Ausgabe 18. Düsseldorf: Fachhochschule Düsseldorf.

21 Wie Employer Branding, HR-Investments, Produktimages und andere Faktoren Arbeitgeberattraktivität konstituieren, erläutern – gestützt auf den informationsökonomischen Ansatz und die Signalling-Theorie – Wilden, R., Gudergan, S., Lings, I. (2010). Employer branding: strategic implications for staff recruitment. Journal of Marketing Management, Band 26, Nr. 1–2, S. 56–73.

Deutschlands Arbeitgebermarken

Um das Beste aus seiner Arbeitgebermarke herauszuholen, sie effizient zu steuern und die Arbeitgeberpositionierung mit Leben zu füllen, braucht es ein kontinuierliches Management und praktikable Controllinginstrumente. Aus diesem Grund wurde die Initiative „Deutschlands Arbeitgebermarken" ins Leben gerufen.

Arbeitgebermarke managen – Arbeitgeberattraktivität steuern

Eine Arbeitgebermarke weckt Erwartungen. Was sie verspricht, sollte erlebbar sein. „Deutschlands Arbeitgebermarken" kombiniert daher die Perspektive von Mitarbeitern und potenziellen Bewerbern in einem kompakten Steuerungsinstrument, basierend auf einem objektiven Prüfverfahren, das Methoden der Marken- und Organisationsdiagnostik sowie der Imageforschung kombiniert. Der Fitnesstest richtet sich an Unternehmen ab 50 Mitarbeitern, die ihre Wirkung als Arbeitgeber kennenlernen, verbessern oder gewürdigt wissen wollen. Teilnehmende Unternehmen erhalten ihre Testergebnisse und ihr individuelles Stärken-Schwächen-Profil mit Handlungsempfehlungen in einem Ergebnisband. Besonders authentische Arbeitgeber werden ausgezeichnet. Mit der Spezialauswertung für die chemische und pharmazeutische Industrie wird die Arbeitgebermarkenbildung dieser Branche unterstützt und mit anderen Branchen vergleichbar. Mehr Informationen zum Test und der Teilnahme unter www.deutschlands-arbeitgebermarken.de.

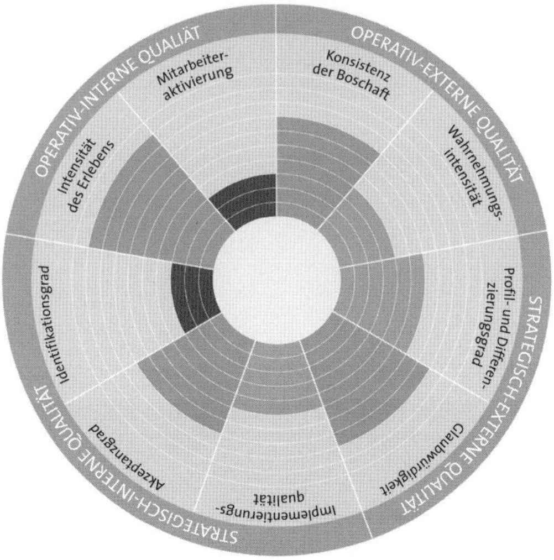

Abbildung 1: Vier Qualitätsdimensionen und neun Erfolgsfaktoren der Arbeitgebermarke (Quelle: Deutsche Employer Branding Akademie, www.deutschlands-arbeitgebermarken.de/methode.php, 09.02.2012).

Ausbildungsmarketing

Der Ausbildungsleiter der Max Muster GmbH macht sich Gedanken, wie er genügend Bewerber für die Ausbildung finden kann. Er hat im Rahmen einer Veranstaltung davon gehört, dass immer mehr Unternehmen auf das Internet und Social-Media-Instrumente zurückgreifen. Hier überlegt er jetzt, auch neue Wege zu gehen.

Talente im Fokus

Alexander Baumann

Werner Weitsicht, der Ausbildungsleiter der Max Muster GmbH, schaut nachdenklich aus dem Bürofenster. Die Veranstaltung, die er letzte Woche besucht hat, geht ihm nicht mehr aus dem Kopf. Immer wieder drehen sich seine Gedanken um Themen wie „Social Media“[1], „War for Talents“[2], das Internet, den demografischen Wandel und Ausbildungsmarketing. Aber wie kann er das alles fassen und die richtigen Schlüsse daraus ziehen, um auch in der Zukunft die richtigen Auszubildenden für die Max Muster GmbH zu finden? Bei ihm macht sich das Gefühl breit, auf eine dichte Nebelbank zu schauen, die sich nicht auflöst. Als Pragmatiker beschließt er, der Nebelbank vor seinem Fenster ein Ende zu bereiten und all diese Begrifflichkeiten mit Leben zu füllen. Die Max Muster GmbH soll auch im nächsten Jahr über gut qualifizierte Auszubildende in ausreichender Anzahl verfügen. Entschlossen setzt er sich an seinen PC, beginnt seine Gedanken zu ordnen und die Problemfelder einzugrenzen. Er stellt sich die folgenden Fragen:

- Haben wir in den letzten Jahren auf unsere angebotenen Ausbildungsplätze eine ausreichende Anzahl von Bewerbern erhalten?
- Hatten die Bewerber die richtigen Vorstellungen von den angebotenen Ausbildungsplätzen?
- Haben wir die Voraussetzungen für unsere angebotenen Ausbildungsplätze klar formuliert und positiv dargestellt?
- Haben wir die positiven Aspekte unseres Unternehmens überzeugend formuliert und uns als attraktiver Arbeitgeber präsentiert?

1 Social Media – also soziale Medien – sind Online-Dienste und -Plattformen zur Kommunikation durch Anwender im Internet. Sie werden zum Austausch von Meinungen, Erfahrungen und persönlichen Erlebnissen genutzt. Zudem können digitale Inhalte wie Fotos oder Videos über Social Media kommuniziert werden. Social Media hat eine wechselseitige Interaktion im Internet ermöglicht.

2 „War for Talents“ ist ein Ergebnis des fortschreitenden demografischen Wandels und beschreibt den Umstand, dass Unternehmen sich heute immer häufiger bei den Bewerbern in einer Bewerbersituation befinden.

Werner Weitsicht runzelt die Stirn und kommt nach kurzem Überlegen zu einem an sich unbefriedigenden Ergebnis. Nahezu alle Maßnahmen des Unternehmens waren darauf ausgerichtet, die herkömmlichen Wege zu beschreiten und Printanzeigen in den regionalen Tageszeitungen zu schalten. Hier wurden alle Angebote in ein Anzeigenformat gepackt, eine wirkliche Beschreibung der Ausbildungsinhalte des Unternehmens gab es nicht – ganz zu schweigen von der Darstellung des Arbeitgeber- und Unternehmensimage. Die Max Muster GmbH hatte sich unzureichend präsentiert. Ihre Anzeigen hatten sich von der Vielzahl der Angebote nicht abgehoben, die Zeit der Veröffentlichung war auf zwei Wochenendausgaben beschränkt. Eigentlich ging es nur darum, die Anzeigengröße zu minimieren und sie in schwarz-weiß zu gestalten, damit das Ganze kostenoptimiert präsentiert werden konnte. Dann war da auch noch die mit viel Aufwand vorbereitete Ausbildungsmesse, die den Schülern eher als unterrichtsfreier Wandertag diente und dem Unternehmen keine Resonanz brachte. Die Gespräche an den Messeständen verliefen unbefriedigend, denn die meisten Schüler zeigten sich unvorbereitet und unwissend im Hinblick auf ihre Ausbildungsperspektiven. Hätte die Max Muster GmbH nicht diese bunten USB-Sticks als Werbegeschenke gehabt, hätte man sich den lieben langen Tag gut und gerne mit sich selbst beschäftigen können. Ebenso erfolglos war es, die Unternehmensbroschüren in den Partnerschulen auszulegen. Das alles hat doch mit Ausbildungsmarketing nichts zu tun, gesteht sich Werner Weitsicht ein. Nein – so kann und so wird das bei der Max Muster GmbH nicht nochmals laufen. Entschlossen definiert Werner Weitsicht für sein Unternehmen einen neuen Anspruch, was das Thema Ausbildungsmarketing betrifft. Er bestimmt in einer Checkliste die zukünftigen Ziele für ein professionelles Ausbildungsmarketing:

- Wir steigern die Qualität unserer Bewerber!
- Wir steigern die Anzahl unserer Bewerber!
- Wir bauen unser Wissen über Kenntnisse, Fähigkeiten und Einstellungen der zukünftigen Auszubildenden aus und stärken damit nicht nur unser Ausbildungsmarketing, sondern ziehen daraus auch wichtige Erkenntnisse für unsere zukünftige Personalentwicklung und -bindung!
- Wir verringern den Aufwand und die Kosten für die Suche nach geeigneten Bewerbern!

- Wir vermitteln potenziellen Auszubildenden einen realistischen Einblick in die vor ihnen liegende Berufswelt!
- Wir verringern die steigende Anzahl von Ausbildungsabbrüchen!
- Wir steigern das Image unserer Arbeitgebermarke als Ausbildungsbetrieb nachhaltig!
- Wir nutzen konsequent die sich uns bietenden Möglichkeiten des Internets, sowohl des Online-Recruiting als auch der vielfältigen Plattformen sozialer Netzwerke!
- Wir wollen als Max Muster GmbH eine dauerhafte und nachhaltige Präsenz aufbauen!

Zufrieden mit diesem ersten Ergebnis lehnt er sich in seinem Stuhl zurück, schließt die Augen und baut an seiner Vision vom neuen Ausbildungsmarketingkonzept der Max Muster GmbH.

Man müsste Zugriff auf eine internetbasierte Technologie („Software On Demand“[3]) haben, die es ermöglicht, alle ausbildungsrelevanten Themen zentral zu bündeln, zu verwalten und überall dort zu präsentieren, wo die Zielgruppe der potenziellen Auszubildenden vertreten sein könnte.

„Als besonders Erfolg versprechend sehen die Unternehmen die ‚Anzeigen auf Internet-Job-Portalen‘ (60 Prozent) sowie ‚Anzeigen auf der Unternehmens-Homepage‘ (46 Prozent) an.“

Ein Startpunkt der Präsentation wäre die Unternehmens-Homepage, aber ohne den immensen Abstimmungsaufwand mit der hauseigenen

3 http://de.wikipedia.org/wiki/Software-on-Demand – Software-on-Demand (dt. Software auf Nachfrage, Abruf-Software) ist ein Service, bei dem der Kunde eine bestimmte Software bei dem Anbieter betreiben lässt, der diese auch je nach Anfrage (on-Demand) skaliert. Dieses erlaubt flexible Lizenzierungsformen, bei denen beispielsweise nach Aufwand abgerechnet werden kann. Dies ermöglicht dem Anwender einer solchen Anwendung den weltweiten Zugriff auf seine meist browsergestützte Softwarelösung (es wird nur ein Webbrowser und Internetzugang für die Benutzung der Software benötigt).

IT-Abteilung. Auf die Ausbildungsangebote könnte einfach zugegriffen werden, sie wären schnell erreichbar, hätten einen hohen Aktualitätsgrad und wären benutzerfreundlich in der Anwendung.

Es ist nämlich offensichtlich, dass die Aussagekraft der unternehmenseigenen Karrierewebsite an Bedeutung immer stärker zunimmt. Unabhängig davon, wo der Bewerber ein entsprechendes Stellenangebot findet, wird er sich immer auch auf der Karrierewebsite des Unternehmens umschauen. Und hier geht es vordergründig nicht darum, sich mit dem Produkt- und Leistungsspektrum des Unternehmens auseinanderzusetzen, sondern herauszufinden, ob der Bewerber es mit einem attraktiven Arbeitgeber zu tun hat. Je ansprechender und nutzerfreundlicher die Website, je fachlicher und sachlicher, umso wahrscheinlicher ist es, dass sich der Kandidat tatsächlich bewirbt. Der nächste Ausbildungsplatz ist immer nur einen Klick weit entfernt.

Sozusagen mit einem Klick werden die Ausbildungsangebote nahezu in Echtzeit auf das unternehmenseigene Karriereportal befördert. Wenn Änderungen anstehen, werden Sie schnellstmöglich umgesetzt und sofort wieder korrekt präsentiert.

Werner Weitsicht stellt sich vor, dass dies auch auf den Schulhomepages der Partnerschulen oder sogar aller Schulen funktionieren könnte – ohne jeglichen Abstimmungsaufwand mit den Schulen, sondern automatisch mit dem Setzen eines Häkchens innerhalb der verfügbaren Anwendung. Wie lange hatte die Max Muster GmbH eigentlich schon versucht, interessante Schulpatenschaften aufzubauen? Jedes Jahr neue Initiativen, die Ausbildungsangebote am schwarzen Brett der Partnerschulen auszuhängen, um nach kurzer Zeit festzustellen, dass diese bereits überklebt waren. Hinzu kamen unzählige Arbeitskreise, das jährliche Mitwirken an der Erstellung von regionalen Ausbildungskatalogen und -broschüren.

Wie sieht es aus mit den regionalen Präsentationsmöglichkeiten, die sich bisher weitestgehend auf die Tageszeitungen konzentrierten? Regionale Online-Plattformen könnten jetzt die Angebote suchmaschinenoptimiert in die virtuellen Wohnzimmer der potenziellen Auszubildenden bringen. Hatte man nicht oft auch darüber nachgedacht, wie man den Aufwand reduzieren könnte, seine Ausbildungsangebote bei der Arbeitsagentur zu veröffentlichen, ohne auf das hauseigene Corporate Design zu verzichten und ohne den immensen Abstimmungsaufwand vor der Veröffentlichung? Man könnte doch die Karriereseite der Unternehmenshomepage mit einer Marketing- oder Verbandsplattform verlinken, auf der bereits alle wichtigen Berufsbilder der Branche interaktiv dargestellt wären. Man hätte auf dieser Plattform die Möglichkeit, die eigenen Berufsbilder mit den Ausbildungsangeboten der Max Muster GmbH zu koppeln. Darüber hinaus könnte sich das Unternehmen dauerhaft und suchmaschinenoptimiert präsentieren.

Unternehmen haben schließlich erkannt, dass Meta-Suchmaschinen, Google und Social Media eine ganze Menge an Traffic auf die Karrierewebsite bringen können. In Zukunft kann auch eine suchmaschinenoptimierte Stellenbeschreibung durchaus qualifizierte Bewerber bringen. Diese wird von den Suchmaschinen (Google, Bing etc.) und den spezialisierten Meta-Jobsuchmaschinen gefunden und somit für Jobsuchende „auffindbar" gemacht. So bekommen Unternehmen auch Long-Tail-Traffic[4]. Dies bedeutet aber auch, dass sich Recruiter zukünftig mit den Grundlagen der Suchmaschinenoptimierung im Internet vertraut machen sollten.

Die Max Muster GmbH wäre auf den gängigsten Social-Media-Plattformen mit einem Mausklick vertreten. Das Ausbildungsvideo wäre auf Facebook präsent, und als absoluter Höhepunkt der Innovation wäre bei YouTube ein eigener Brand Channel[5] integriert. Dieser würde es dem Ausbildungsleiter erlauben, die Arbeitgebermarke Max Muster GmbH kombiniert mit der Vorstellung aller relevanter Ausbildungsberufe und Berufsbilder interaktiv zu präsentieren und über Banner werblich zu unterstützen. Und dies alles zu vertretbaren Konditionen. Zum Abschluss ein paar wichtige Kanäle von Social Media und ein entscheidender Rat:

- *Social Network:* Social Networks oder soziale Netzwerke ermöglichen Pflege und/oder Aufbau von Kontakten zu Personen. Im Vordergrund

4 http://www.jfritsch.de/online-marketing/suchmaschinenoptimierung/was-ist-ein-longtail-keyword/, Longtail Keywords sind Suchwörter, die bei Suchmaschinen weniger umkämpft sind als jene, die einem für eine Branche oder zu einem Thema direkt ins Auge fallen.

5 http://www.cpwissen.de/Audio-Video/items/auf-youtube-wirken-unternehmensvideos-viel-emotionaler-2111.html. Die kommunikative Ausrichtung und die Möglichkeit, mit dem User zu interagieren, machen YouTube für Personaler und Recruiter zu einem wirksamen Instrument. YouTube stellt zu diesen Zwecken sowohl einen klassischen Kanal als auch einen sogenannten Markenkanal (Brand Channel) zur Verfügung. Der Brand Channel erlaubt individuelles Design und weitere optionale Features wie beispielsweise den Kanalbanner oder Banner für die Videoseite zu nutzen

stehen das Bilden von Gruppen sowie die Kommunikation von Fotos. Facebook ist hier die führende Plattform; http://www.kununu.com ist zum Beispiel ein Portal zur Bewertung von Arbeitgebern durch Arbeitnehmer.

- *Wiki:* Wikis sammeln und tauschen Wissen. Der inhaltliche Aufbau, die Korrektur und Aktualisierung erfolgen von Nutzern mit gemeinsamen Interessenlagen. Hier sind zu nennen http://www.wikipedia.de oder http://wiki.bildungsserver.de

- *Blog:* Blogs oder auch Weblogs sind internetgeführte Tagebücher, die Sachverhalte aufzeichnen oder Gedanken niederschreiben. Hier ist vor allem http://www.twitter.de zu nennen.

- *Foto- und Videoplattformen:* Diese Plattformen beinhalten Content in Form von Videos oder Fotos, die entweder privat eingestellt sind oder kommerziell unter werblichen Gesichtspunkten produziert wurden. Die bekannteste Plattform ist http://www.youtube.de.

- Betrachtet man die *Möglichkeiten der Social Media* unter dem Gesichtspunkt der Tauglichkeit für ein gezieltes Ausbildungsmarketing, ist an dieser Stelle eine dosierte Herangehensweise mit kleinen zielgerichteten Projekten zu empfehlen. Dabei muss die Zielgruppendefinition oberste Priorität haben.

Werner Weitsichts visionärer Traum von einem ganzheitlichen Ausbildungsmarketing nimmt jetzt langsam Konturen an. Seine Vorstellung darüber, was in Zukunft alles zu tun ist, wird immer klarer, als er in seinen Gedanken abrupt durch das Klingeln des Telefons unterbrochen wird.

Er meldet sich. Am anderen Ende der Leitung ist Elmar Elvi von Hessen-Chemie. Er möchte Werner Weitsicht gerne ein neues Projekt der Chemiearbeitgeber vorstellen, bei dem es darum geht, eine neue Ausbildungsoffensive gemeinsam mit allen Mitgliedern zu starten. Der Bundesarbeitgeberverband Chemie (BAVC) hat mit seinen Mitgliedsverbänden ein Projekt umgesetzt, das es ab sofort erlaubt, über eine internetbasierte Technologie alle ausbildungsrelevanten Themen zentral zu bündeln, zu verwalten und überall dort zu präsentieren, wo die Zielgruppe der potenziellen Auszubildenden vertreten ist: Online und in den Sozialen Medien ...!

Elementare Vielfalt – Deine Ausbildung in der Chemie-Branche

Die chemische Industrie ist eine innovative Hightech-Branche, die mehr denn je auf motivierte und gut ausgebildete Fachkräfte angewiesen ist. Um ihr Engagement im Bereich Nachwuchssicherung auszubauen, unterstützen die Chemie-Arbeitgeberverbände ihre Mitglieder mit der Ausbildungskampagne „Elementare Vielfalt“ (ElVi). Sie löst die bisherige Ausbildungsinitiative „Chemie4You“ ab. Das modulare Kampagnenkonzept, bestehend aus Website, Printmedien, Social Media und begleitenden Marketingmaßnahmen, stärkt Unternehmen der chemischen Industrie im Wettbewerb um junge Nachwuchskräfte.

Konzept & Idee

Ausbildung in der Chemie-Branche bedeutet Vielfalt: Vielfalt der Berufe, Vielfalt der Unternehmen und Produkte sowie Vielfalt der Karriereperspektiven. All dies zeigt das Schülerportal www.elementare-vielfalt.de. Die Kampagnenwebsite informiert Jugendliche über die Ausbildungsberufe der Branche. Echte Auszubildende begeistern als authentische Botschafter für ihren Ausbildungsberuf und die spannende Welt der Chemie. Darüber hinaus gibt es wertvolle Bewerbungstipps sowie interessante Hintergrundinformationen zur chemisch-pharmazeutischen Industrie.

Highlight Ausbildungsbörse

Ein Highlight ist die Ausbildungsbörse, von der nicht nur Schülerinnen und Schüler bei der Suche nach freien Ausbildungsplätzen profitieren. Insbesondere kleine und mittlere Unternehmen haben die Möglichkeit, ihre Aktivitäten bei der Ausschreibung offener Ausbildungsstellen effizient zu bündeln. Mit Hilfe des ElVi-ControlCenters kann eine Vielzahl von Veröffentlichungskanälen (zum Beispiel Arbeitsagentur, regionale Jobbörsen) gleichzeitig bedient werden. Damit lassen sich Zeit und Kosten sparen. Und nicht nur das: Die Unternehmen präsentieren sich auf der Kampagnenwebsite und vielen weiteren Internetportalen modern und professionell, auf Wunsch sogar im Corporate-Design.

Weitere Informationen zur Kampagne und Ausbildungsbörse finden Sie unter www.elementare-vielfalt.de/unternehmen.

www.elementare-vielfalt.de
ELEMENTARE VIELFALT
DEINE AUSBILDUNG IN DER CHEMIE-BRANCHE

www.elementare-vielfalt.de/unternehmen

Nachwuchsmarketing bei HEWI

Die Altersstruktur in Deutschland hat sich durch den Demografischen Wandel stark verändert. So zeigt die prognostizierte Altersverteilung für die kommenden Jahre deutlich, dass die Geburtenrate sinkt und es immer mehr ältere Menschen geben wird. Umso schwieriger wird es für Unternehmen, geeignete Nachwuchskräfte zu finden. Im Zuge des Azubi-Wettbewerbs „Teamgeister", organisiert durch die HessenChemie, erarbeiteten fünf Auszubildende der HEWI Heinrich Wilke GmbH unter dem Wettbewerbsthema „Wir bieten Zukunft – Sag's deinen Freunden" ein Kommunikationskonzept für ein aktives Nachwuchsmarketing. Dieses schafft Anreize, eine Ausbildung bei HEWI zu beginnen. Parallel zum Wettbewerb entwickelten die Auszubildenden das Konzept weiter, so dass es in die bestehende Nachwuchswerbung von HEWI integriert werden konnte. Das Kommunikationskonzept ist jetzt fester Bestandteil beim Werben für Ausbildungsplätze.

Verschiedene Printmedien und das Social-Media-Instrument Facebook sollen Jugendliche auf die Ausbildungsmöglichkeiten im Unternehmen aufmerksam machen. Die erstellten Flyer und Plakate werden bei Informationsveranstaltungen und Messen zum Thema Ausbildung eingesetzt. Die Social-Media-Plattform Facebook ist das Kernstück der Kampagne, da es von den Jugendlichen und somit von den potenziellen Bewerbern am häufigsten genutzt und als Informationsmedium anerkannt wird. Über die Facebookseite werden Informationen über die Ausbildungsberufe in Form von Bildern, Videos und Veranstaltungen veröffentlicht.

Auf diese Weise stellt HEWI sicher, dass die Zielgruppe über alle Aktivitäten rund um das Thema Ausbildung informiert wird. Interessenten haben zudem die Möglichkeit, mit den Auszubildenden in einen persönlichen Kontakt zu treten und so mehr aus dem Alltag der Auszubildenden zu erfahren.

HEWI

http://www.facebook.com/hewiazubis

Potenziale heben

Nicht alle Jugendlichen haben die besten Startchancen in das Berufsleben, manche sprechen zu Hause kaum Deutsch oder kommen aus Familien, in denen beide Elternteile arbeitslos sind. Mit entsprechender Unterstützung ist es aber möglich, diesen jungen Menschen einen Start in den Beruf zu ermöglichen. Aber kann das die Max Muster GmbH leisten? Wo gibt es Unterstützung?

„Start in den Beruf" – Eine Initiative der Chemie-Sozialpartner

Dirk Meyer

A. Ausbildungsmarkt im Umbruch

Die eigene Ausbildung der benötigten Fachkräfte ist der zentrale Ansatz für die Nachwuchsgewinnung in der chemischen Industrie. So wie die Max Muster GmbH bilden rund 60 Prozent aller Chemie- und Pharmaunternehmen junge Menschen aus. Die Ausbildungsquote der Branche beträgt gut 5 Prozent. Gerade im Mittelstand wird eng am zukünftigen Bedarf des Unternehmens ausgebildet. Ob naturwissenschaftlicher, technischer oder kaufmännischer Beruf – die Wahl der passenden Ausbildung richtet sich nach dem absehbaren Ersatz- oder Expansionsbedarf im Unternehmen. Nach erfolgreichem Abschluss werden die ausgebildeten Fachkräfte in der Regel übernommen. Im Normalfall bleiben diese Mitarbeiterinnen und Mitarbeiter für lange Zeit dem Unternehmen treu, die Identifikation ist hoch, die Fluktuation niedrig. Deshalb ist es für die Max Muster GmbH auch so wichtig, stets fachlich und persönlich geeignete Bewerber für die ausgeschriebenen Lehrstellen zu finden. Nur dadurch kann die bisher so erfolgreiche Nachwuchsgewinnung durch Ausbildung im eigenen Haus auch in Zukunft fortgesetzt werden.

„Ausbildungsmarkt im Umbruch", „Mehr Chancen für junge Menschen – mehr Probleme für Betriebe", „Immer mehr Ausbildungsplätze unbesetzt", „Jeder zweite Betrieb gibt Nachhilfe für Azubis" – so oder so ähnlich titelten Deutschlands Zeitungen zuletzt, als die jährliche Ausbildungsbilanz gezogen wurde.

Der Ausbildungsleiter der Max Muster GmbH spürt selbst, dass in den kommenden Jahren bei der Azubi-Gewinnung Veränderungen auf sein Unternehmen zukommen werden. Auch sein Ausbildungsmarkt ist im Umbruch. Während zum Beispiel für den Ausbildungsplatz Industriekaufmann/-frau in den letzten Jahren ausreichend viele Bewerbungen eingegangen sind, war es beim Ausbildungsplatz Anlagenmechaniker/-in schon schwieriger, geeignete Kandidaten zu finden, denn die Zahl der Bewerbungen hat kontinuierlich abgenommen. Die Chemikanten-Lehrstelle ist eigentlich immer über einen direkten Kontakt aus der Belegschaft besetzt worden. Zum Glück, denn Bewerbungen hat es hier trotz Annoncen in der Lokalzeitung kaum gegeben. Wie lange diese „MiKi-Strategie“ (Mitarbeiter-Kinder) bei der Rekrutierung noch gut geht, steht allerdings in den Sternen. Doch gerade im naturwissenschaftlichen und im gewerblich-technischen Bereich wird der Ersatzbedarf in Zukunft steigen. Das zeigt der Blick in die „Binnendemografie“ der Max Muster GmbH.

Vielleicht ist es an der Zeit, auch andere Rekrutierungsoptionen und neue Zielgruppen ins Auge zu fassen. Gerade bei den „schwächeren Jugendlichen“ schlummert ungenutztes Potenzial, das sich heben lässt. Berührungsängste hat der Ausbildungsleiter der Max Muster GmbH keine, ohnehin zielt er nicht darauf ab, stets „die Olympioniken“ unter den Bewerbern auszuwählen, sondern „die richtigen“ Kandidatinnen oder Kandidaten zu finden. Damit hat er bisher gute Erfahrungen gemacht. Vom Arbeitgeberverband HessenChemie hat er jüngst von der Sozialpartner-Initiative „Start in den Beruf“ gehört. Ein Ansatz, der auch für seine Firma in Frage kommen kann.

B. „Start in den Beruf“-Programm der Chemie-Sozialpartner

I. Perspektiven schaffen – Chancen nutzen

Das „Start in den Beruf“-Programm in der Chemiebranche zielt auf die Förderung von Schulabgängern, die bisher keine Lehrstelle gefunden haben und denen die Voraussetzungen für die erfolgreiche Aufnahme einer Berufsausbildung noch fehlen.

Gestartet wurde diese gemeinsame Initiative vom Bundesarbeitgeberverband Chemie (BAVC) und der Industriegewerkschaft Bergbau, Chemie, Energie (IG BCE) im Jahr 2000. Bis heute sind in den beteiligten Unternehmen elf Durchläufe mit jeweils gut 200 Teilnehmern absolviert worden. Dabei ist es gelungen, dem größten Teil der Jugendlichen Zukunftsperspektiven für eine erfolgreiche berufliche Entwicklung zu eröffnen.

„Perspektiven schaffen, Chancen nutzen“ – dieser Ansatz zur Bekämpfung der Jugendarbeitslosigkeit hat in der Chemie eine lange Tradition. Bereits seit 1977 existierte in der chemischen Industrie der „Tarifvertrag für Jugendliche ohne Hauptschulabschluss und ausländische Jugendliche“, der auf die Vermittlung von Berufsfertigkeiten zielte, um Jugendliche zur Ausübung einer beruflichen Tätigkeit oder zur Aufnahme einer Ausbildung zu befähigen. 1989 folgte der „Tarifvertrag zur Förderung der Integration von Jugendlichen“.

Die ursprüngliche Idee der Jugendförderung wurde im Laufe der Zeit immer weiterentwickelt. In Anlehnung an ein pädagogisches Konzept der BASF, mit dem bereits seit 1993 leistungsbereite Jugendliche für eine anschließende Berufsausbildung fit gemacht wurden, haben die Chemie-Sozialpartner BAVC und IG BCE schließlich im Jahr 2000 „Start in den Beruf" als Initiative für die gesamte Chemiebranche ins Leben gerufen.

II. Konzeption und Zielsetzung

Mit „Start in den Beruf" sollen Schulabgänger, denen die Voraussetzungen für die Aufnahme einer Ausbildung fehlen, durch ein sechs- bis zwölfmonatiges Förderprogramm zur Ausbildung qualifiziert oder in das Berufsleben eingegliedert werden. Vorrangiges Ziel ist die Qualifizierung für eine anschließende Berufsausbildung.

Entscheidend für die bisherigen Erfolge sind aus Sicht der Chemie-Sozialpartner und der beteiligten Unternehmen die Verbindung von betrieblicher Praxis und theoretischer Wissensvermittlung sowie eine intensive sozialpädagogische Betreuung. Damit können auch Defizite im Verhaltensbereich ausgeglichen werden. Der Aufbau sozialer Kompetenzen trägt zum Erlernen von Schlüsselqualifikationen und dem Erwerb von Handlungskompetenz bei.

Die Teilnehmer einer „Start-Maßnahme" werden eng in die verschiedenen betrieblichen Abläufe eingebunden und erhalten damit zunächst die Möglichkeit der Orientierung. Später findet bei entsprechendem Leistungsnachweis und Motivation eine Intensivierung im „vorschattierten" Ausbildungsgang statt.

Ergänzt werden die praktischen Aktivitäten mit einer umfassenden Betreuung durch die Ausbilder vor Ort und die Lehrer im begleitenden schulischen Unterricht (Umgang mit Sprache, Mathematik und Rechnen, naturwissenschaftliche Grundlagen, Umweltschutz und Arbeitssicherheit). Abgerundet wird das Engagement durch eine sozialpädagogische Begleitung, um mögliche Defizite im sozialen Bereich auszugleichen. Die konkrete Ausgestaltung und Umsetzung hängt jeweils von den betrieblichen Gegebenheiten sowie von den Bedürfnissen der Jugendlichen ab.

Die Jugendlichen sammeln im Start-Programm Erfahrungen in der Arbeitswelt und lernen je nach Angebot die betrieblichen Anforderungen und Abläufe in ganz verschiedenen Berufsfeldern kennen. Dies ermöglicht ihnen Berufsorientierung, zum Beispiel in naturwissenschaftlichen und gewerblich-technischen Berufen, im kaufmännischen Bereich oder bei Handwerks- oder Gastronomie-Berufen.

„Wir helfen den Teilnehmern, ihre Stärken zu entdecken und zu entwickeln und fördern notwendige Schlüsselqualifikationen. Zu unseren Zielen gehört auch, die Ausdauer der Teilnehmer zu verbessern sowie Genauigkeit und Sorgfalt zu schulen. Indem die Jugendlichen lernen, zielgerichtet zu arbeiten, wird ihre Motivation gefördert und die eigene Leistungsfähigkeit entdeckt", erklärt der Bildungsleiter eines langjährig beteiligten Unternehmens.

III. Förderung durch den Unterstützungsverein der chemischen Industrie (UCI)

Eine Besonderheit aus Sicht der am Start-Programm teilnehmenden Jugendlichen: Sie erhalten gemäß „Tarifvertrag zur Förderung der Integration von Jugendlichen" eine Eingliederungsvergütung von monatlich 430 Euro. Der Unterstützungsverein der chemischen Industrie (UCI) – eine gemeinsame Einrichtung von BAVC und IG BCE – gewährt auf Antrag eine Förderung als Zuschuss zum Lebensunterhalt für Jugendliche bis zum vollendeten 25. Lebensjahr. Derzeit beträgt die monatliche UCI-Förderung 205 Euro. Ein Anspruch auf Förderung besteht nicht. Die genauen Fördermodalitäten sind im „Tarifvertrag über den Unterstützungsverein der chemischen Industrie" geregelt. Bis heute wurden durch den UCI mehr als 2.480 Jugendliche mit einem Gesamtvolumen von 5,2 Millionen Euro gefördert.

Die am „Start in den Beruf"-Programm beteiligten Unternehmen zeigen ein hohes gesellschaftspolitisches und auch finanzielles Engagement. Dieser Einsatz – auch der persönliche Einsatz der Ausbilderinnen und Ausbilder – lohnt sich: Für eine Vielzahl von Jugendlichen ergeben sich so neue Perspektiven und gute Chancen auf eine berufliche Ausbildung und damit auf ein eigenständiges Leben. Und auch die Unternehmen profitieren. Sie erschließen sich neue Zielgruppen und Potenziale für die Nachwuchsgewinnung.

IV. Bisherige Erfolgsbilanz

Die bisherigen Erfolgsquoten von „Start in den Beruf" rechtfertigen das Engagement der Unternehmen und die finanzielle Förderung durch den UCI.

Von den insgesamt 2.484 Jugendlichen der Jahrgänge 2000/2001 bis 2010/2011, die durch den UCI gefördert wurden, haben laut UCI-Angaben rund 80 Prozent im Anschluss entweder eine Ausbildung begonnen (70 Prozent), eine weiterführende Schule besucht (6 Prozent), direkt einen Arbeitsplatz angetreten (3 Prozent) oder eine sonstige Anschlussmaßnahme begonnen (1 Prozent). Etwa 20 Prozent der Teilnehmer haben das Programm vorzeitig abgebrochen beziehungsweise ihr anschließender Verbleib ist unbekannt.

Durch die hohen Übergangsquoten in eine anschließende Ausbildung ist das „Start"-Programm ein direkter Kanal für die Gewinnung von Auszubildenden. Mehr als 50 verschiedene Berufsbilder sind von den erfolgreichen Start-Absolventen bisher gewählt worden. Die TOP 5 der Ausbildungsberufe im Anschluss an das „Start"-Programm sind:

- Chemikant/in,
- Industriemechaniker/in,
- Anlagenmechaniker/in,
- Produktionsfachkraft Chemie sowie
- Elektroniker/in.

Es überwiegen damit klassische Facharbeiterberufe, die in der chemischen Industrie etabliert und nachgefragt sind.

C. „StartPlus" – Unterstützung für den Mittelstand

Mit dem Tarifabschluss vom März 2011 haben die Chemie-Tarifparteien ihr Engagement bei der Nachwuchssicherung nochmals verstärkt. Das bereits seit dem Jahr 2000 bewährte „Start in den Beruf"-Programm soll als Mittelstands-Initiative „StartPlus" ausgebaut werden.

„StartPlus" zielt dabei auf die organisatorische und auch finanzielle Unterstützung kleiner und mittlerer Betriebe (bis 500 Beschäftigte) der Chemiebranche, welche die umfassende pädagogische Betreuung der Jugendlichen nicht selbst leisten können. Die finanzielle Förderung durch den Unterstützungsverein der chemischen Industrie wird im Rahmen von „StartPlus" ausgeweitet. Der UCI erhöht die monatliche Förderung von bisher 205 Euro pro Teilnehmer auf bis zu 430 Euro. Für die von einem externen Dienstleister übernommene sozialpädagogische Betreuung können durch den UCI zudem weitere Zuschüsse gewährt werden.

Seit Herbst 2011 wurden in einigen Regionen von den regionalen Chemie-Sozialpartnern erste Pilotmaßnahmen zu „StartPlus“ initiiert. Hierzu wurden entsprechende Dienstleister als Kooperationspartner für Auswahlverfahren, Bildungsangebote und sozialpädagogische Betreuung gewonnen. Mit den interessierten Betrieben wurden von den beteiligten Chemie-Arbeitgeberverbänden die organisatorischen, rechtlichen und pädagogischen Fragen geklärt.

Die Chemie-Sozialpartner gehen davon aus, dass „StartPlus“ den Unternehmen einen zusätzlichen Weg zur Nachwuchsgewinnung eröffnet und zugleich den Mittelstand in die Lage versetzt, die Ausbildungschancen benachteiligter Jugendlicher wesentlich zu erhöhen. Von diesem Ansatz kann auch die Max Muster GmbH profitieren, indem sie sich zusätzliche Potenziale für die eigene Ausbildung erschließt und einer bisher nicht angesprochenen Zielgruppe von jungen Menschen die Perspektive für einen erfolgreichen Start ins Berufsleben eröffnet.

Weitere Informationen zu „Start in den Beruf“ und zu „StartPlus“ finden Interessierte unter www.uci-wiesbaden.de.

JOBLINGE: Gemeinsam gegen Jugendarbeitslosigkeit

Oliver Dany und Kadim Tas

A. Die doppelte Herausforderung: Bildung als Wettbewerbsfaktor

So wenige wie in diesem Frühjahr waren es noch nie: Erst ein halbes Dutzend Bewerbungen für einen Ausbildungsplatz sind bei der Max Muster GmbH bislang eingegangen; in anderen Unternehmen der Branche sieht es kaum besser aus. Der Mangel an Nachwuchs-Fachkräften ist kein Gespenst, das durch die Wirtschaftsseiten der Tagespresse geistert, sondern längst Realität – und auch für die Max Muster GmbH mit Händen greifbar. Was tun? Weiter abwarten? Weitere Anzeigen schalten?

In den kommenden Jahren wird die Zahl der Bewerbungen für Ausbildungsplätze weiter sinken. Und noch schlimmer: Immer weniger Schulabgänger werden den Anforderungen entsprechen, die traditionell an Azubis in der Industrie gestellt werden. Zugleich ist absehbar, dass die Zahl der Jugendlichen, die ohne Schulabschluss bleiben, steigt. Jeder zweite Hauptschulabgänger in Deutschland ist ein Jahr nach Schulende noch ohne Ausbildungsplatz; jeder sechste Jugendliche muss Langzeitarbeitslosigkeit fürchten. Während die Anforderungen der Wirtschaft immer weiter steigen, sinken die Chancen für Geringqualifizierte. Diese Lücke zu schließen ist das Ziel der Initiative JOBLINGE, die neue Wege einschlägt, um zwei der dringlichsten Fragen zur Zukunft der deutschen Wirtschaft und Gesellschaft zu beantworten: (1) Wie können wir der seit Jahren zu beobachtenden, wachsenden sozialen Kluft in der deutschen Gesellschaft begegnen und vor allem jungen Menschen mit Migrationshintergrund und aus sozial benachteiligten Familien bessere Bildungs- und Berufschancen eröffnen? (2) Wie können wir die Lücke zwischen dem demografisch bedingten Fachkräftemangel auf der einen Seite und einer steigenden Jugendarbeitslosigkeit auf der anderen Seite schließen?

In keinem anderen OECD-Land sind soziale Herkunft und beruflicher Erfolg so eng aneinander gebunden wie in Deutschland. Die Gründe dafür sind vielfältig und sie reichen von mangelhafter Sprachförderung im Kindergarten über die frühe Trennung im traditionellen

Schulsystem bis hin zu Problemen der kulturellen Integration. Vielen Jugendlichen, insbesondere jungen Menschen mit Migrationsgeschichte und aus sozial benachteiligten Familien, bleibt der Aufstieg aus eigener Kraft verwehrt. Die Daten zeichnen ein erschreckendes Bild. In Deutschland gelten laut OECD 44 Prozent der Kinder und Jugendlichen mit Migrationshintergrund als „bildungsarm". Kinder und Jugendliche, die morgen als Mitarbeiter händeringend gesucht und gebraucht werden: Im Jahr 2030 werden in Deutschland vier von zehn Berufseinsteigern einen Migrationshintergrund haben. Der Ausländeranteil an Hauptschulen liegt bei 20 Prozent, an Gymnasien nur bei 4 Prozent. Niemand kann ernsthaft glauben, dass sich das Potenzial von Einwanderern und Deutschen so stark unterscheidet. Ähnliches gilt für Kinder und Jugendliche aus sozial benachteiligten Familien. Die schlechte Bildungsintegration ist daher weit mehr als eine persönliche und gesellschaftliche Tragödie. Sie ist ein Alarmsignal für die Zukunft des Wirtschaftsstandorts Deutschland. Und sie ist eine Aufforderung an Unternehmen, sich aktiv für eine bessere Bildungsintegration einzusetzen. Die Initiative JOBLINGE ist entstanden aus der Suche nach einer konkreten Antwort auf die Frage: Wie können engagierte Jugendliche und junge Menschen ohne Ausbildungsplatz auf ihrem Weg in die Arbeitswelt konkret unterstützt werden? Denn für viel zu viele Jugendliche in Deutschland endet der Weg ins Arbeitsleben, bevor er überhaupt begonnen hat. Jeder zweite Hauptschulabgänger ist ein Jahr nach Verlassen der Schule noch ohne Ausbildungsplatz. Auf schriftliche Bewerbungen erhalten sie Absagen. In unverbindlichen Praktika und Qualifizierungsprogrammen verbringen sie Warteschleifen, ohne ans Ziel zu kommen. Zu einem echten Ausbildungs- oder Arbeitsplatz, der ihren Stärken und Wünschen entspricht kommt es dagegen selten.

B. Von der Idee zur Initiative: Erfolg aus eigener Kraft

JOBLINGE ist eine Initiative, die junge Menschen auf ihrem Weg in die Arbeitswelt individuell begleitet. Sie verbindet in einem sechsmonatigen Programm eine Qualifizierung in der Praxis mit persönlicher Förderung (Mentoring) und einer verbindlichen Zusage für einen Ausbildungs- oder Arbeitsplatz, wenn das Programm erfolgreich abgeschlossen wird. JOBLINGE wendet sich an Jugendliche zwischen 15 und 25 Jahren, die nach der Schule keinen Anschluss in Ausbildung oder Arbeit gefunden haben. Für die Aufnahme kommt es nicht auf den Schulabschluss oder andere Qualifikationen an. Voraussetzung sind Motivation und die Bereitschaft, sein Leben in die eigene Hand zu nehmen – beides stellen die Jugendlichen und jungen Erwachsenen in einer zweiwöchigen gemeinnützigen Projektarbeit unter Beweis.

Joblinge werden ab ihrer Aufnahme in das Programm von einem persönlichen Mentor begleitet. Ehrenamtliche Mentoren helfen „ihrem" Jobling, die eigenen Stärken und Ziele klarer zu erkennen, Eigeninitiative zu entwickeln und ein Berufsfeld zu finden, das den Interessen des Joblings – und der Nachfrage am Arbeitsmarkt – am besten entspricht. Sie begleiten „ihren" Jobling mit Rat, Anerkennung und Ansporn von der Orientierungsphase und dem Bewerbungspraktikum bis zum Ausbildungs- oder Arbeitsplatz und in die ersten Wochen im Arbeitsleben. In Einzelgesprächen und einem Vorbereitungsseminar werden die Mentoren vorbereitet und erhalten während ihrer Tätigkeit fachliche Unterstützung durch Experten und die Teams der JOBLINGE-gAGn. Darüber hinaus unterstützen ehrenamtliche Experten das Programm mit einzelnen Qualifizierungs-, Kultur- oder Sportangeboten. Dazu zählen beispielsweise Workshops zu verschiedenen fachlichen und fachübergreifenden Themen – vom Einblick in einzelne Berufszweige, über Bewerbungstraining bis hin zu Organisation und Auftreten – sowie Angebote für künstlerische und sportliche Aktivitäten der Joblinge-Kleingruppen.

Das Programm selbst dauert sechs Monate und ist in eine Orientierungsphase, ein Qualifizierungspraktikum im Betrieb sowie ein anschließendes Bewerbungspraktikum gegliedert. In der Orientierungsphase sind die Joblinge zu Gruppen von fünf bis zehn Teilnehmern zusammengefasst und identifizieren für sie geeignete Berufsfelder. Sie lernen ihre Stärken kennen und erfahren, welche Fähigkeiten in ihrem Berufsfeld erforderlich sind. Neben der individuellen Arbeit mit ihrem Mentor arbeiten die Joblinge gemeinsam an praktischen Projekten, um Fähigkeiten wie Kommunikation, Konfliktlösung, Aufgabenverteilung, Arbeitsplanung und -umsetzung zu trainieren. Aus eigenen Ideen und Interessen gestalten Joblinge-Teams gemeinsam ein Projekt – von der Planung der Einzelschritte, über die Aufgabenverteilung und Kommunikation bis zur Realisierung. Die Erlebnisse und Erfahrungen aus der Projektarbeit werden anschließend in Workshops aufgegriffen und erweitert.

Nach der Orientierungs- und Vorbereitungsphase, in der die Joblinge ein Berufsfeld gefunden haben, absolvieren sie ein mehrwöchiges Praktikum bei einem der JOBLINGE-Kooperationspartner. In dieser Zeit können sie erste Berufserfahrungen im Betrieb sammeln, sich fachlich qualifizieren und ihre Kompetenzen unter Beweis stellen. Zusätzlich zum Qualifizierungspraktikum erhalten sie die Möglichkeit, an kulturellen Veranstaltungen und Sportgruppen teilzunehmen. Im Anschluss an das Qualifizierungspraktikum können Joblinge in den Unternehmen der Kooperationspartner ihre Eignung für „ihren" Ausbildungs- oder Arbeitsplatz unmittelbar praktisch unter Beweis stellen. Sind aus Sicht des Partnerunternehmens und des Joblings die Voraussetzungen für eine weitere Zusammenarbeit gegeben, erhalten Joblinge einen Ausbildungs- oder Anstellungsvertrag.

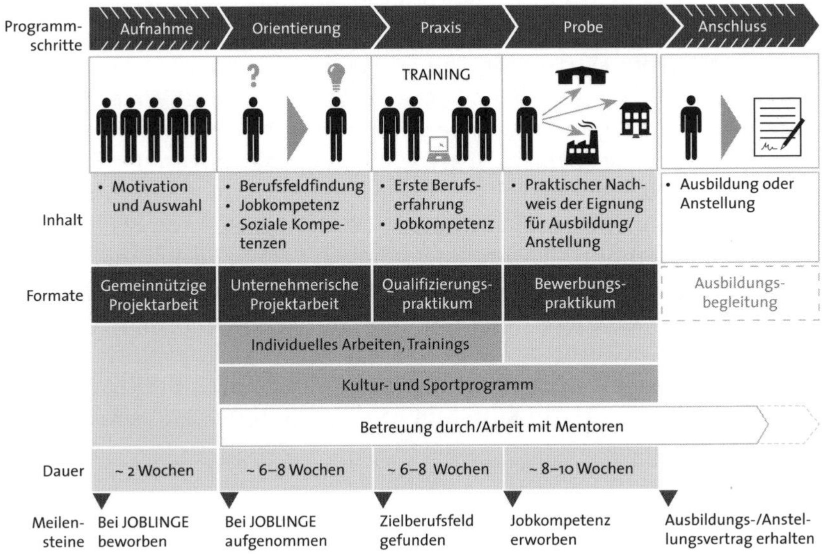

Abbildung 1: 6-Monatsprogramm.

C. Viele Akteure als Motor: JOBLINGE in der Praxis

JOBLINGE verbindet die Kompetenzen unterschiedlicher Akteure auf lokaler Ebene: Dazu zählen Partnerunternehmen, die Praxisstellen für Joblinge anbieten und bereit sind, für Joblinge nach einem erfolgreichen „Bewerbungspraktikum" einen Ausbildungs- oder Arbeitsplatz anzubieten; Konzeptpartner, die sich an der Entwicklung und Gestaltung des Joblinge-Programms beteiligen; Finanzierungspartner, die die Initiative JOBLINGE mit Spenden unterstützen; sowie (Gründungs-) Aktionäre für die gemeinnützigen Aktiengesellschaften als lokale Träger der JOBLINGE-Initiative und Kooperationspartner für die unterschiedlichen Elemente und Angebote im JOBLINGE-Programm; Bildungsträger, die qualifizierende und fördernde Angebote für Jugendliche bereitstellen; und schließlich engagierte Bürger, die als ehrenamtliche Mentoren mit Berufs- und Lebenserfahrung junge Menschen für eine gewisse Zeit auf ihrem Weg ins Arbeitsleben begleiten und unterstützen.

JOBLINGE wurde im Jahr 2007 in einer gemeinsamen Initiative der Eberhard von Kuenheim Stiftung, einer Stiftung der BMW AG, und der Unternehmensberatung The Boston Consulting Group ins Leben gerufen. Die Initiatoren haben das Programm gemeinsam mit Experten und Partnern aus Wirtschaft, Politik, Wissenschaft und Drittem Sektor erstellt und auf lokaler Ebene Kooperationspartner aus Wirtschaft, Bildung und Politik gewonnen, die sich gegen Jugendarbeitslosigkeit engagieren. Die erste „JOBLINGE gemeinnützige Aktiengesellschaft" wurde im Mai 2008 in Zwiesel gegründet. Im April 2009 sind die ersten Joblinge in München aufgenommen worden. Die ersten Erfahrungen an den Pilotstandorten waren sehr positiv: Fast alle Joblinge sind in Ausbildungs- oder Arbeitsverhältnisse übernommen worden. Die Erfahrungen der Pioniere in Zwiesel und München sind maßgeblich in die Weiterentwicklung des Konzepts und seiner Übertragung auf neue Standorte eingeflossen. Seit 2010 gibt es JOBLINGE in Berlin, seit 2011 in Frankfurt, seit 2012 in Köln und Leipzig; weitere Standorte sind derzeit im Aufbau.

JOBLINGE wird auf lokaler Ebene getragen von gemeinnützigen Aktiengesellschaften (gAG), die die verschiedenen Partner langfristig institutionell binden. In dieser Rechtsform verbindet sich unternehmerisches Denken mit der Verantwortung für ein gemeinsames, soziales Ziel. Ein ehrenamtlicher Aufsichtsrat, in dem lokale Vertreter aus Wissenschaft, Wirtschaft, Politik und Drittem Sektor zusammenarbeiten, begleitet die gAG. Die lokalen JOBLINGE gAGs sind auf eine Betreuung von bis zu 80 Jugendlichen ausgerichtet. Sie beschäftigen ein hauptamtliches Team von Mitarbeitern (Projektleitung, Sozialpädagogen, Koordinatoren) und werden geleitet von einem ehrenamtlichen Vorstand. Insgesamt beteiligen sich inzwischen auf lokaler Ebene neben der Öffentlichen Hand mehr als 500 Unternehmen und mehr als 300 ehrenamtliche Mentoren.

Wie eng der Erfolg des Programms und das Engagement vieler Beteiligter verbunden sind, lässt sich am Beispiel der JOBLINGE gAG Frankfurt illustrieren: Dort wurden im März 2011 insgesamt 70 Teilnehmer aufgenommen, 80 Prozent der Joblinge wurden erfolgreich in einen Ausbildungsplatz vermittelt. Gefördert wird das Projekt in Frankfurt von der Stadt Frankfurt, dem Jobcenter Frankfurt, der MainArbeit GmbH sowie dem kommunalen Jobcenter ProArbeit Kreis Offenbach. Zum Kreis der Aktionäre der gemeinnützigen Aktiengesellschaft zählen neben BCG und HessenChemie das Hessische Sozialministerium, die Unternehmen WISAG, Mainova und Gonder Facility Services. Im Aufsichtsrat vertreten sind darüber hinaus der Zoo Frankfurt, der Flughafenbetreiber Fraport und die VR Leasing. Weitere namhafte Institutionen und Unternehmen engagieren sich als Kooperationsparter für das JOBLINGE-Kultur- und -Sportprogramm und ermöglichen so ein weitgefächertes Angebot und eine Vielfalt von Lernformen. Dazu zählen Eintracht Frankfurt und die Fraport Skyliners, das Senckenberg und das Weltkulturen Museum, die Schirn, das Liebieghaus und das Städel Museum sowie die Crespo Foundation, die Oper Frankfurt, die Theaterperipherie und die Hochschule für Musik und Darstellende Kunst. Dank ihrer Beteiligung können die Frankfurter Joblinge mit innovativen Lernmethoden ihre sozialen Kompetenzen erweitern – von Präsentations- bis Gesprächs- und Argumentationstechniken –, in sportlichen Aktivitäten eine aktive Freizeitgestaltung erleben und auch ihre künstlerischen Fähigkeiten erproben. Die Vielfalt der Lernformen und Umgebungen ergänzt das Berufsvorbereitungsprogramm, fördert die Entwicklung der Persönlichkeit und erweitert die Perspektiven der Jugendlichen.

Einer der Mitiniatioren und Vorstand der ersten Joblinge gAG Bayerwald, Toni Fischer, hat seine Erfahrungen in einem Satz zusammengefasst, der als Leitmotiv der Initiative JOBLINGE gelten kann: „Wer sich die Zeit nimmt, den Jugendlichen zuzuhören und einmal hinter die Fassaden zu schauen, stellt fest, dass hier viele verborgene Schätze zu entdecken sind.“ Im Interesse der Jugendlichen, im Interesse der Gesellschaft wie im Interesse der Unternehmen in Deutschland kommt es darauf an, viele dieser Schätze zu heben.

Perspektive Berufsabschluss – Ein anderer Weg der Fachkräftesicherung

Zahlreiche Maßnahmen zur Fachkräftesicherung richten sich an junge Menschen, die kurz vor ihrem Ausbildungsbeginn stehen. Dabei wird übersehen, dass es eine Vielzahl von an- beziehungsweise ungelernten MitarbeiterInnen gibt, die seit Jahren engagiert ihren Beitrag für den Unternehmenserfolg leisten. Es ist jedoch betriebliche Realität, dass die Arbeitsplätze für diese Beschäftigtengruppe in der Vergangenheit schon erheblich reduziert wurden und weitere Streichungen drohen. Was passiert dann mit diesen MitarbeiterInnen? Die von der Kreishandwerkerschaft Waldeck-Frankenberg ins Leben gerufene Maßnahme „Perspektive Berufsabschluss" gibt darauf eine Antwort. Mit ALMO wurde dafür ein Umsetzungskonzept erarbeitet, das von der Agentur für Arbeit Korbach unterstützt wird:

Neun Mitarbeiter und eine Mitarbeiterin im Alter zwischen 28 und 45 Jahren absolvieren bis 2012 eine Ausbildung zum Industrie- beziehungsweise Verfahrensmechaniker gemäß den gültigen Ausbildungsordnungen. Die Ausbildung wird in modularer Form durchgeführt. Über einen Zeitraum von drei Jahren werden sechs Mal Module von drei Monaten Länge absolviert. Nach jedem Modul erfolgt eine Prüfung mit IHK-Zertifikat – nach drei Jahren wird die IHK-Prüfung mit den Auszubildenden des dualen Bildungsganges durchgeführt. Der Abschluss ist diesem konventionellen Weg gleichrangig.

Die praktische Ausbildung findet im Unternehmen, die theoretische bei der Kreishandwerkerschaft in Korbach statt. Das theoretische Lernkonzept ist der Altersgruppe entsprechend angepasst. Wert wird auch auf die sozialpädagogische Betreuung der Lernenden gelegt, um frühzeitig auf etwaige Probleme oder Umstellungsschwierigkeiten reagieren zu können. Während der drei Ausbildungsjahre erhalten die Mitarbeiter ihre bisherige Basisvergütung. Am Arbeitsverhältnis ändert sich nichts.

Die absehbaren Ergebnisse bestärken uns darin, für die Fachkräftesicherung auch auf bewährte Mitarbeiterinnen und Mitarbeiter zu setzen.

Girls' Day

Der Girls' Day ist ein jährlich im April stattfindender bundesweiter Aktionstag. Mädchen und junge Frauen ab der fünften Klasse haben an diesem Tag die Möglichkeit, Unternehmen und Organisationen zu besuchen und dort einen Einblick in sogenannte „Männerberufe" zu bekommen.

Unternehmen und Organisationen können sich am Aktionstag beteiligen, indem sie eigene Projekte und Veranstaltungen zum Girls' Day online auf der Aktionslandkarte eintragen.

Der Girls' Day soll dazu beitragen, den Anteil der weiblichen Beschäftigten in den sogenannten „Männerberufen", insbesondere technischen und naturwissenschaftlichen Berufen zu erhöhen und damit dem sich abzeichnenden Fachkräftemangel in der Industrie entgegenzutreten.

Parallel zum Girls' Day findet der Boys' Day – Jungen-Zukunftstag statt. Jungen und junge Männer ab der 5. Klasse können an diesem Tag erste Erfahrungen im Bereich der Dienstleistungsberufe sammeln, zum Beispiel in den Bereichen Erziehung, Soziales, Gesundheit und Pflege sowie weiteren Berufsfeldern, in denen bislang wenige Männer arbeiten. Alternativ können auch Angebote zu den Themen Lebensplanung und soziale Kompetenzen wahrgenommen werden.

www.girls-day.de
www.boys-day.de

Weiterbildung in allen Lebensphasen

Weiterbildung ist wichtig, klar. Wenn es einen Personalentwickler für die Max Muster GmbH gäbe, was aber aufgrund der schlanken Aufstellung nicht der Fall ist, wäre der Befund eindeutig: Bis 40 ist Weiterbildung üblich, danach gibt es zumindest keine formalisierten Wege dazuzulernen. Der Leiter des Bereiches Forschung & Entwicklung bekommt allerdings jetzt schon Bauchschmerzen. Bei einem Altersdurchschnitt seiner Mannschaft von 52 Jahren – viele sind nach Studium und Promotion erst spät ins Berufsleben eingestiegen – ist es für manche schwierig, mit den neuesten Entwicklungen mitzuhalten. Sicher, die körperliche Belastung ist in diesem Bereich überschaubar, aber der Umgang mit Software ist sehr anspruchsvoll und die Werkstofftechnologie macht große Sprünge im Fünf-Jahres-Rhythmus. Wohin steuert das Unternehmen, wenn diese Kollegen rechnerisch noch etwa 15 Jahre Berufsleben vor sich haben, aber tagtäglich an die Rente denken? „Wollen können" kann man auch mit 60 noch, aber wie kriege ich das „Wollen wollen" hin?

Weiterbildung 40plus: Wie Max Muster sie systematisch fördert

Christian Stamov-Roßnagel

Jenseits der 40 keine formalen Weiterbildungsangebote mehr, zugleich hoher Lernbedarf durch die sich sprunghaft entwickelnde Werkstofftechnologie, und das Ganze in einer so „alten" Mannschaft mit einem Schnitt von 52 Jahren? Die in diesem Umfeld nur noch an die Rente denkt? Wo soll man da anfangen, wenn man diese Beschäftigten zum Lernen motivieren will? Kann man sie überhaupt noch motivieren, oder ist diese Situation nicht eigentlich „normal", weil die Lernfähigkeit einfach nachlässt mit dem Alter?

A. Max Musters Problem auf einen Blick

Mangels Personalentwickler im eigenen Haus beschließt Herr Müller, der Entwicklungsleiter der Max Muster, selbst aktiv zu werden und sich externe Anregungen zu holen. Dazu bietet sich eine der zahlreichen Veranstaltungen rund um den demografischen Wandel an, auf denen man mit Vertretern aus Unternehmen der unterschiedlichsten Branchen und Größen schnell ins Gespräch kommt und sich über Möglichkeiten austauscht, Probleme der eingangs geschilderten Art zu lösen. Auf einer dieser Veranstaltungen hört sich Herr Müller neben den Praxisfällen auch wissenschaftliche Vorträge an. Und schon bald formt sich bei ihm ein Bild, wie „die vielen Probleme" eng miteinander zusammenhängen und nicht zuletzt dadurch so groß werden, dass die Beteiligten objektive Tatsachen und subjektive Sichtweisen vermischen, ohne sich dessen immer bewusst zu sein.

Beginnen wir mit einer ganz zentralen Tatsache: die *Fähigkeit*, sich weiterzubilden, um mit aktuellen Entwicklungen Schritt zu halten, hat Herrn Müllers Forschungs- und Entwicklungsteam auf jeden Fall. Allerdings liegt genauso auf der Hand, dass es mit der *Bereitschaft* zum Lernen weit weniger günstig aussehen dürfte. Die Signale nämlich, die das F&E-Team von der Max Muster GmbH bekommt, könnten jene durchaus dämpfen. Immerhin gibt es für Beschäftigte jenseits der 40 keine auf die Lernbedarfe (und -bedürfnisse!) dieser Gruppe abstellenden Weiterbildungsveranstaltungen. Zugleich „überlässt" man sie einer komplizierten Software – und dies in einem Umfeld regelmäßigen, erheblichen Lernbedarfs, denn die Werkstofftechnologie schreitet rasant voran. Hohe Anforderungen einerseits also und geringe Unterstützung andererseits – da ist „Dienst nach Vorschrift" fast der einzige Weg, einigermaßen gesund zu bleiben!

B. Bestandsaufnahme: Grundlage jeder Planung

Herrn Müller wird bei dieser Ausgangslage schnell klar, dass es wenig helfen würde, einfach ein „Weiterbildungsprogramm 40plus" ins Leben zu rufen und zu „verordnen". Angezeigt ist zunächst eine Bestandsaufnahme, auf deren Grundlage sich planen lässt, welche Werkzeuge der Weiterbildungsförderung für die Max Muster in Frage kommen. Das ist ein spannendes Thema, auch für Forscher. Herr Müller, der immer mehr in die Rolle eines Personalentwicklers schlüpft, nimmt deswegen Kontakt zu einer Universität auf, die dieses Forschungsfeld bearbeitet und an einem gemeinsamen Projekt interessiert ist. Schnell machen die Wissenschaftler Herrn Müller klar, dass eine gute Grundlage dafür besteht, aktiv zu werden. Lernfähig werden seine Beschäftigten nämlich auf jeden Fall sein, nicht nur mit Anfang 50, sondern auch jenseits der 60 noch, sozusagen „zukunftssicher". Den vielbeschworenen negativen Zusammenhang von Alter und Lernfähigkeit gibt es nämlich nicht. Auch auf den für F&E-Tätigkeiten so wichtigen Leistungsebenen von Innovation und Kreativität besteht kein nennenswerter Zusammenhang mit dem Lebensalter, wie die Wissenschaftler anhand einer Metaanalyse[1] verdeutlichen, in der aus 380 unabhängigen Studien der mittlere Zusammenhang zwischen Indikatoren beruflicher Leistung und dem Lebensalter bestimmt wurde.

Für Fehlzeiten und Unfallraten ist der Trend positiv, sie nehmen beide mit dem Alter signifikant ab. Auch die Aufgabenerfüllung im engeren Sinne (Kernleistung) und das Innovationsverhalten lassen – entgegen häufig anzutreffenden Erwartungen – nicht mit dem Alter nach; der Trend ist sogar positiv, wenngleich statistisch nicht signifikant. Lediglich in der formalen Weiterbildung gibt es einen leicht negativen Trend – aber der bezieht sich auf die Bewertung der Leistung Älterer in der Weiterbildung durch Vorgesetzte. Was es damit auf sich hat, bespreche ich weiter unten.

1 Ng, T. W. H., & Feldman, D. C. (2008). The relationship of age to ten dimensions of job performance. Journal of Applied Psychology, 93, 392–423.

Leitungsebene	Alterskorrelierte Veränderung	
• Fehlzeiten • Unfallraten		r = - 0,26 r = - 0,08
• Kernleistung • Innovativität/Kreativität		r = + 0,03 r = + 0,02
• Formale Weiterbildung		r = - 0,04

Ng & Feldmann (2008)

Abbildung 1: Metaanalytisch ermittelte Korrelationen zwischen Lebensalter und Indikatoren beruflicher Leistung.

Wenn also Beschäftigte unabhängig vom Alter Leistung bringen und sogar innovativ sein können, warum sollte ausgerechnet die Weiterbildung ein Problem sein?

> „Bei den möglichen Auswirkung des Fachkräftemangels auf das Geschäft rangiert, bezogen auf alle beteiligten Unternehmen, die Sorge an erster Stelle, neue Produkte nicht schnell genug entwickeln oder vermarkten zu können."

Dass die Lernfähigkeit nachlasse, ist ein nur schwer auszurottendes Missverständnis. Die kognitive Alternsforschung zeigt zwar, dass die Lernleistung Älterer nachlässt.[2] Ältere brauchen also unter Umständen ein paar Lerndurchgänge mehr als Jüngere und lernen in derselben Zeit nicht genauso viel wie Jüngere. Prägnant sind diese Altersunterschiede aber lediglich in relativ alltagsfernen Aufgaben und unter Zeitdruck und Laborbedingungen. Unter diesen Bedingungen können Lernende nicht auf Strategien, Erfahrung und Routine zurückgreifen – also gerade die Pfunde, mit denen Ältere beim Lernen wuchern können. Lernen im Beruf findet aber unter anderen Vorzeichen statt, hier *könnten* Ältere ihre Erfahrung ausspielen und mindestens genauso gut lernen wie Jüngere.

Dass sie dies häufig nicht tun, hat einen recht einfachen Grund: Ältere ziehen nicht nur den Vergleich mit früheren Lernepisoden („früher fiel

2 Stamov Roßnagel, C. (2008). Mythos: „alter" Mitarbeiter – Lernkompetenz jenseits der 40. Weinheim: BeltzPVU.

mir das Lernen leichter"), sondern auch mit dem Lernen ihrer Kollegen. Und je älter jemand wird, umso höher wird der Anteil jüngerer Kollegen in dieser Vergleichsgruppe sein. Wenn dann auch noch auf technikgestütztes, selbstgesteuertes, schnelles Lernen Wert gelegt wird, mit anderen Worten: wenn eine „jugendliche" Lernumgebung herrscht, dann ist die Lernbereitschaft Älterer doppelt gefährdet. Erstens besteht die Gefahr, dass der Kontrast zwischen „früher" und „jetzt" als besonders groß erlebt wird. Das lernbezogene Selbstvertrauen kann dann erheblich leiden. Zweitens birgt ein jugendzentriertes Lernumfeld das Risiko, sich dem direkten Vergleich mit Jüngeren stellen zu müssen, was bei Älteren in ihrer Eigenwahrnehmung Lerndefizite noch ungünstiger aussehen lässt.

Herr Müller beginnt zu verstehen, warum Herr Schmidt neulich erkennen ließ, an einer Computerschulung kein Interesse zu haben, er sei dafür zu alt. Hatte nicht derselbe Herr Schmidt noch ein paar Wochen vorher stolz erzählt, sich die Makroprogrammierung seiner Tabellenkalkulationssoftware beigebracht zu haben, er sei Finanzminister seines Karnevalsvereins und habe die Finanzverwaltung dort „computerisiert"? Vergleichbare Anforderungen, unterschiedliche Bezugsgruppe ... Den direkten Vergleich mit (aus Herrn Schmidts Sicht) Jüngeren und Leistungsfähigeren scheut Herr Schmidt, weil er bei diesem „Vergleich nach oben" seiner Vermutung nach eher schlecht abschneiden dürfte. Im „Vergleich nach unten" hingegen, also dem mit seinen Altersgenossen aus dem Verein, hat er als „Computerpionier" gute Karten – und nutzt diese Gelegenheit aktiv.

Deutlich wird Herrn Müller auch, dass es nicht alleine vom Team selbst abhängt, ob es sich künftig angemessen weiterbildet, sondern auch vom passenden Lernumfeld. Das beste Lernumfeld wiederum hilft nur wenig, wenn die Mitglieder des Teams nicht über zentrale Fertigkeiten verfügen, die in der Forschung als *Lernkompetenz* zusammengefasst werden, so die Wissenschaftler. Herr Müller und die Wissenschaftler erarbeiten eine Strategie, in dieses Zusammenspiel von individueller Kompetenz und Lernumfeld einzugreifen. Diese Strategie beginnt mit einer Bestandsaufnahme.

I. Stellgröße 1: Die individuelle Lernkompetenz

In der heutigen Arbeitswelt ist Lernen keine Anhäufung von Faktenwissen auf Vorrat, sondern der Aufbau und Erhalt der *Fertigkeit zur Be-*

wältigung von Anforderungen[3]. Fertigkeit heißt: Lernen kann man lernen – aber auch wieder verlernen, zum Beispiel durch die von Personalern so gefürchtete „Lernentwöhnung“! Lernen ist eine komplexe Fertigkeit, die sich aus Teilfertigkeiten kognitiver und motivationaler Art zusammensetzt. Diese lassen sich im Konzept der Lernkompetenz bündeln, das für die Bestandsaufnahme ein wichtiges Werkzeug ist.

Abbildung 2: Drei-Ebenen-Modell der Lernkompetenz.

Fundament der Lernkompetenz ist die Lernorientierung mit den Hauptfacetten der Lernmotivation und der Lernüberzeugung. Erstere bezieht sich auf die mit Weiterbildung verknüpften Ziele, die neben positiven Zielen (zum Beispiel Vorbereitung auf die Übernahme neuer Aufgaben) auch negative Ziele, also die Vermeidung negativer Konsequenzen, umfassen können (zum Beispiel, wenn Beschäftigte die Bewertung als „desinteressiert“ durch Vorgesetzte vermeiden wollen). Lernüberzeugungen sind subjektive Auffassungen darüber, was Wissen ist und wie Lernen funktioniert. Befragungen zeigen, dass ältere Beschäftigte ihre Fertigkeiten weniger für durch Training und Weiterbildung beeinflussbar halten als jüngere.[4] Wer verinnerlicht hat, dass

3 Vgl. Hacker, W. & Skell, W. (1993). Lernen in der Arbeit. Berlin: BiBB.
4 Maurer, T.J, Wrenn, K.A., Pierce, H.R., Tross, S.A. & Collins, W.C. (2003). Beliefs about ‚improvability‘ of career-relevant skills: Relevance to

„Hans nimmermehr lernt, was Hänschen nicht lernte", wird natürlich weniger Zeit und Aufwand in sein Lernen investieren als jemand mit zeitgemäßen „Glaubenssätzen".

Die Lernkontrolle wiederum bestimmt, ob diese Investition lohnt. Jene umfasst das Planen, Überwachen und Bewerten des Lernens, also die Festlegung von Lernzielen und Mitteln, mit denen diese Lernziele erreicht werden können. Im Rahmen der Lernkontrolle legen Lernende darüber hinaus fest, wann ein Lernziel als erreicht gilt. Die Lernkontrolle ist zusammen mit der Lernorientierung eine zentrale Bestimmungsgröße des Lernerfolgs bei der Weiterbildung.[5]

Die Lerntechniken schließlich kommen dem am nächsten, was sich viele unter dem eigentlichen Lernen vorstellen. Sie dienen dem Erschließen von Lerninhalten, dem Einprägen und dem Abruf auf Bedarf. Das Studium von Fallbeispielen, die Leitfragenmethode, das Mapping oder Visualisierung sind bekannte Beispiele von Lerntechniken, die in der beruflichen Weiterbildung nützlich sein können. Ihr Wert hängt entscheidend davon ab, dass sie in angemessene Lernkontrolle und Lernorientierung eingebettet sind. Wer nur negative Weiterbildungsziele hat („Kompetenzlücken verbergen") und unzureichende Lernkontrolle ausübt, wird auch von den fortschrittlichsten Lerntechniken kaum profitieren können.

II. Stellgröße 2: Lern- und Altersklima

Die Erfassung des Lern- und Altersklimas der Max Muster ist eine zweite Säule der Bestandsaufnahme. Selbst wenn alle Beschäftigten optimale Lernkompetenz besäßen, würde ein ungünstiges Klima deren Entfaltung behindern. Das Lernklima bezieht sich auf die innerhalb der Max Muster GmbH vorherrschende Bewertung von arbeitsbezogenem Wissenserwerb und der Erweiterung von Fertigkeiten. In einem eher positiven Lernklima wird Weiterbildung als Beitrag zum Erfolg der Max Muster gesehen und unterstützt. Solche Unterstützung kann direkter und indirekter Art sein. Sicherlich die augenfälligste direkte

job/task analysis, competency modelling, and learning orientation. Journal of Organizational Behavior, 24, 107–131.

5 Schulz, M. & Stamov Roßnagel, C. (2010). Informal workplace learning: An exploration of age differences in learning competence. Learning and Instruction, 20, 383–399.

Unterstützung besteht in der Bereitstellung von Lernressourcen in Form eines differenzierten internen Weiterbildungsprogramms, das neben Seminaren und Trainings auch computerbasierte Selbstlernkurse umfasst sowie Qualitätszirkel oder Mitarbeiterforen. Die indirekte Unterstützung drückt sich darin aus, inwieweit Mitarbeiter für Weiterbildungen von der Arbeit freigestellt werden, welche Begrenzungen ihnen bei der Zahl und Auswahl von Weiterbildungen pro Jahr auferlegt werden und inwieweit sie über ihre Weiterbildungsteilnahme und deren Erfolg Rückmeldung erhalten.

Wer von den Beschäftigten erwartet, dass sie auch ohne Weiterbildung einen guten Job machen, der riskiert ein negatives Lernklima. Ein solches kann paradoxerweise zumindest hinsichtlich der formalen, seminargestützten Weiterbildung gerade in der Wissensarbeit herrschen, die hohen Lernbedarf schafft. Weil die Beschäftigten dort oft höchstqualifiziert sind, wird von ihnen nicht selten erwartet, selbst dafür sorgen zu können, dass sie auf dem Laufenden bleiben. Wer dort zur Weiterbildung geht, „hat's nötig". Einen Hinweis auf den Einfluss des Lernklimas gibt der Befund, dass in einer Befragung Teilnehmer mit höherer Lernkompetenz einen höheren Lernerfolg angaben und zugleich ein lernförderliches Klima. Umgekehrt wiesen Teilnehmer, die das Lernklima als weniger günstig einstuften, niedrigere Lernkompetenzwerte und geringeren Lernerfolg auf.[6] Das Altersklima bezeichnet die unternehmensweit geteilte Wahrnehmung der Leistungsfähigkeit älterer Beschäftigter im Vergleich zu ihren jüngeren Kollegen. Das Altersklima ist nicht gleichzusetzen mit Altersdiskriminierung, die tatsächliches Verhalten (zum Beispiel den aktiven Ausschluss Älterer aus informellen Netzwerken am Arbeitsplatz) beschreibt. In einem positiven Altersklima gelten ältere Beschäftigte als leistungsfähig und leistungsbereit. Dies kann eine Lernorientierung fördern, die auf der Überzeugung beruht, zum erfolgreichen Lernen ohne Weiteres in der Lage zu sein. Damit Hand in Hand gehen die Auswirkungen eines positiven Lernklimas.

C. Max Musters Handlungsmöglichkeiten

Herrn Müller ist Einiges klar geworden. Geringe Lernmotivation bei Älteren ist nicht „organisch bedingt" und damit kein Schicksal. Ganz

6 Stamov Roßnagel, C., Schulz, M., Picard, M., & Voelpel, S. (2009). Older workers' informal learning competency: Insights from a researcher-practitioner co-operation. Zeitschrift für Personalpsychologie, 8 (2), 71–76.

im Gegenteil ist davon auszugehen, dass sie von sich aus hoch sein wird, wenn ein lernförderliches Umfeld herrscht und Beschäftigte über angemessene Lernkompetenz verfügen, weil die Bewältigung von Lernanforderungen das eigene Kompetenzerleben und damit den Selbstwert steigert. Sich um das Lernumfeld und um die Lernkompetenz kümmern zu müssen, erscheint Herrn Müller zwar zunächst als ziemlicher Aufwand. Schnell aber sieht er, dass er dadurch mehr Gestaltungsmöglichkeiten an die Hand bekommt. Es bedarf gar nicht des einen, großen Werkzeugs, um die Situation zu verändern. Stattdessen sind es mehrere, kleinere Dinge, die man tun kann und die gar nicht zwangsläufig Unsummen verschlingen.

Die Wissenschaftler stellen Herrn Müller eine Reihe von Fragebögen bereit, mit denen Lernkompetenz und Lern- und Altersklima valide und trennscharf erfasst werden können. Eine Mitarbeiterbefragung will Herr Müller nicht eigens aufsetzen. Er macht die Fragebögen deshalb zur Grundlage eines Workshops. Dort lässt er Teile der Fragebögen ausfüllen und verschafft sich zusätzlich in Einzel- und Gruppenarbeiten und -gesprächen einen Eindruck von der Sicht der Teammitglieder auf ihre Lernkompetenz und von deren Wahrnehmung des Klimas. Am Nachmittag des Workshoptages hat er alle Informationen beisammen, um Veränderungen anstoßen zu können. Unter dem Strich machte er damit eine umfassende Bestandsaufnahme, wie sie in Abbildung 3 zusammengefasst ist.

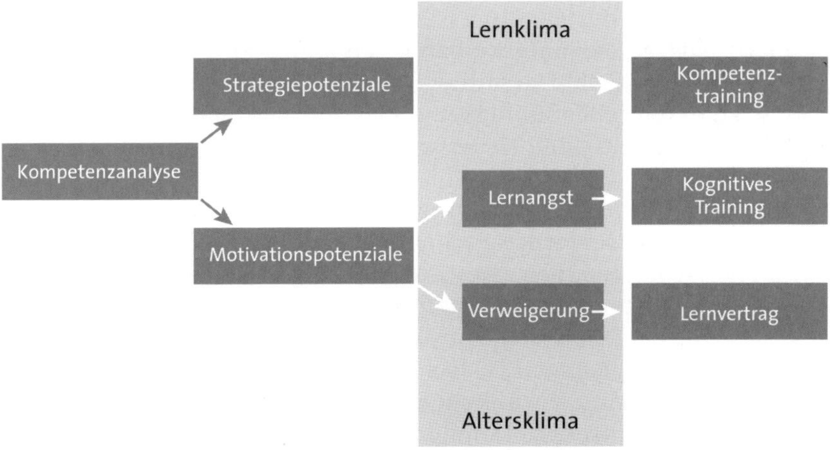

Abbildung 3: Eckpunkte einer Bestandsaufnahme der betrieblichen Lernsituation.

Bei einigen Kollegen stellte sich heraus, dass sie von einem Training der Lernkompetenz profitieren könnten. Kernelemente eines solchen Trainings sind der Erwerb vielseitiger Lernstrategien und die Entwicklung effizienter Selbstbeobachtung. Diese verdeutlicht Lernenden die Vorteile, die mit der Anwendung von Lern- und Kontrollstrategien verbunden sind und legt die Grundlage für nachhaltige Veränderungen des Lernverhaltens. Zugleich wird die Wahrnehmung für eigene Lernschwierigkeiten geschärft, die im Rahmen des Trainings besprochen werden, dabei werden individuelle Möglichkeiten zu ihrer Überwindung gefunden. Bereits das Bewusstsein um das Ineinandergreifen von Lern- und Kontrollstrategien und um die Entstehung von Lernbarrieren aufgrund unangemessener Lernüberzeugungen oder ungünstiger Lernziele führt zu „Aha"-Erlebnissen und schafft die Grundlage für die Selbstbeobachtung beim Lernen, die für die Entwicklung der Lernkompetenz von zentraler Bedeutung ist. Außerdem rückt das Wissen um die Ebenen der Lernkompetenz angemessenes Lernverhalten ins Bewusstsein, was für sich genommen schon dazu führt, dass sich Verhalten in die erwünschte Richtung verändert. Ein Training endet nicht mit der Trainingssitzung. Wichtig ist, die im Training gelernten Strategien auf das Lernen außerhalb des Trainings zu übertragen. Umgesetzt wird dies mit Hilfe von Lerntagebüchern, in denen die Teilnehmer relevante Erfahrungen festhalten, die sie während ihrer Lernepisoden außerhalb des Trainings machen. Diese Erfahrungen können als Fallarbeit in die nächste Sitzung eingebracht werden.

Bei einigen Trainingsteilnehmern standen Lernangst und geringe Nutzenüberzeugung der unmittelbaren Teilnahme am Training im Weg. Für sie wurden deshalb kognitive Trainings vorgeschaltet. Die Teilnehmer schätzten ihre Merkfähigkeit als äußerst gering ein und sahen zugleich eine große Gefahr, Neues schnell wieder zu vergessen. Das kognitive Training machte sich die Tatsache zunutze, dass sich Gedächtnis und Konzentrationsfähigkeit in jedem Alter deutlich steigern lassen. Erfolgserlebnisse sind relativ schnell zu erzielen. Diese lassen sich als Ansatzpunkt nutzen, negative Gedächtniserwartungen aufzubrechen und im Laufe systematischen Trainings durch eine angemessene Wahrnehmung des eigenen Gedächtnisses zu ersetzen. Dabei lernten die Teilnehmer auch, dass das Gedächtnis unter anderem von der „Tagesform" abhängt und Schwankungen in der Gedächtnisleistung genau als solche zu interpretieren sind, nicht aber als „altersbedingter" Rückschritt.

Auch für Teammitglieder, die eine geringe soziale Unterstützung für Weiterbildung erleben und daraus die Überzeugung beziehen, Weiterbildung lohne sich nicht, hätte Herr Müller bei Bedarf ein Werkzeug parat in Form von Lernverträgen. Im Rahmen eines Lernvertrags vereinbaren die Vertragspartner ein klar definiertes, arbeitsbezogenes Lernziel, zu dessen Erreichung umfassende Unterstützung gewährt wird. Vertragspartner können einzelne Beschäftigte oder ganze Arbeitsgruppen sein, die einen Lernvertrag mit Vorgesetzten oder anderen geeigneten Kollegen schließen. Lernverträge können kurzfristiger Natur (ein bis vier Wochen) sein; wichtig ist, dass sie für Lernziele geschlossen werden, die sich unmittelbar auf den Arbeitsalltag der Vertragspartner beziehen. Festgehalten werden müssen auf jeden Fall die Lernziele. Sie müssen klar definiert sein und es müssen Kriterien angegeben werden, wann das Ziel als erreicht gilt. Festgelegt werden ein Zeitplan und die Lernstrategien, mit denen gearbeitet werden soll. Von besonderer Bedeutung ist, dass die Beschäftigten detailliert festhalten, welchen Unterstützungsbedarf sie während der Vertragslaufzeit benötigen. Die Vorgesetzten oder Kollegen verpflichten sich im Gegenzug, diese Unterstützung zu geben. Die Führung eines Lerntagebuchs ist sinnvoll, mindestens sollten die im Tagebuch behandelten Fragen während der Treffen der Lernpartner besprochen werden. Auf diese Weise geben Lernverträge genau die soziale Unterstützung, deren Fehlen in der Vergangenheit zum Aufbau der Lernverweigerung beigetragen hat.

II. Verbesserung des Lernumfelds

Über die direkte Förderung der Lernkompetenz hinaus ging Herr Müller mit den Wissenschaftlern die Möglichkeiten durch, das Lern- und Altersklima seines F&E-Teams zu fördern. Ein erster Ansatzpunkt war die Einrichtung eines Mentoren-Programms, in dem sich die älteren Beschäftigten jüngerer Kollegen annahmen, um deren fachliche Entwicklung zu begleiten. Dies signalisierte Älteren und Jüngeren gleichermaßen, dass das Wissen und die Erfahrung der „alten Hasen" als wichtige Ressource betrachtet werden, die es wert ist, an die jüngere Generation weitergegeben zu werden. Zugleich wurden im direkten Kontakt Vorurteile Jüngerer bezüglich der Leistungsfähigkeit Älterer leichter überwunden. Eine zweite Möglichkeit eröffnete sich im Verlauf des Workshops. Dort stellte sich heraus, dass es einige Inhaltsthemen zu neueren fachlichen Entwicklungen in der Werkstofftechnologie gab, die Ältere und Jüngere gleichermaßen beschäftigten. Aus ihrem Kreis wurde eine „Lernkommission" mit älteren und jüngeren Mitgliedern gebildet, die zu diesen Themen „Lern-Nuggets" für die Kollegen aufbereitete, also kompakte, in sich geschlossene Lerneinheiten zu besonders wichtigen Themen, die einem einheitlichen Muster folgten: Erläuterung der Kernbegriffe, Vorteile der mit dem Thema verbundenen Neuerungen, Anwendungsmöglichkeiten, auf Anwenderseite benötigte Fertigkeiten und Kenntnisse etc. Dabei wurde quasi „nebenbei“ vermittelt, dass Ältere lernbereit sind, außerdem flossen auch die Lernbedürfnisse Älterer in die Gestaltung der Nuggets ein. Dabei wurde deutlich, dass die Eckpunkte des Lernens, die für Ältere günstig sind (zum Beispiel direkter Handlungs- und Praxisbezug des Wissens, Vermeidung theorieorientierten Lernens auf Vorrat), auch den jüngeren Kollegen zu Gute kamen. Dies förderte die Wahrnehmung, dass die Zusammenarbeit älterer und jüngerer Kollegen beim Lernen beiderseitigen Nutzen bringt und dass Ältere bei der Weiterbildung nicht nur nehmen, sondern durchaus auch geben.

Ein dritter Weg der „Klimaerwärmung“ lief über die Führungskräfte. Herr Müller sah sich in der Zusammenarbeit mit den Wissenschaftlern in seinem Wissen bestätigt, welche Bedeutung den Führungskräften für das Lernumfeld zukommt. Die Kommunikation zwischen Führungskräften und Mitarbeitern entscheidet mit über die mit den oben beschriebenen Strategien der Kompetenz- und Klimaförderung beabsichtigte Wirkung. In Herrn Müllers Gesprächen mit den Führungskräften zeigte sich, dass zwar allen einigermaßen klar war, dass eine von Vertrauen und Respekt geprägte Arbeitsbeziehung zwischen Führungskräften und Beschäftigten wichtig ist. Wenige aber hatten ein Bewusstsein für Möglichkeiten jenseits expliziten Lobs, Beziehungen zu Mitarbeitern positiv zu gestalten.

In einem Führungskräfte-Workshop wurde deshalb zum Beispiel der Umgang mit Fehlern thematisiert, dem eine Schlüsselrolle zukommt. Werden Fehler als Zwischenschritt auf dem Weg zu verbesserter Arbeitsleistung angesprochen, können sie als Lernergebnis gedeutet werden und fördern die Lernbereitschaft. Umgekehrt wird diese durch negative Sanktionen gedämpft. Besprochen wurden auch die alterskorrelierten Veränderungen von Lernfähigkeit und Lernbereitschaft. Vor allem bei jüngeren Vorgesetzten sind Informationsdefizite in dieser Hinsicht problematisch. Im besten Fall entsteht eine „gutwillige Hilflosigkeit“, die aus der Absicht, Diskriminierung und ein negatives Klima zu vermeiden, nur oberflächliche und wenig hilfreiche Leistungsrückmeldungen mit sich bringt. Im schlimmsten Fall werden unangemessene Vergleiche älterer mit jüngeren Beschäftigten angestellt, die bei Älteren das Gefühl hinterlassen können, als Verlierer im Wettbewerb mit jungen Kollegen gesehen zu werden. Differenzierte Informationen helfen auch zu verhindern, dass die Weiterbildungsaktivitäten und -leistungen Älterer unangemessen negativ bewertet werden und so die Lernbereitschaft zusätzlich dämpfen können. Solche Bewertungen liegen übrigens dem eingangs erwähnten negativen Zusammenhang zwischen Lebensalter und Leistung in der formalen Weiterbildung zu Grunde.

Von besonders großer Bedeutung ist die intensive Kommunikation zwischen Führungskraft und Mitarbeiter im Hinblick auf die Rückmeldung, die Mitarbeiter über ihre Arbeit erhalten. Rückmeldungen sind eine wichtige Informationsquelle hinsichtlich des eigenen Verbesserungs- und damit Lernbedarfs. Das Ausmaß der Rückmeldungen ist eine wichtige Bestimmungsgröße der „Lernhaltigkeit" von Arbeitstätigkeiten. Der Lerngehalt auch komplexer Tätigkeiten – die für sich genommen Lernanlässe bieten – steigt, wenn ausreichende Rückmeldung erfolgt. Damit fördert Rückmeldung mittelbar auch die Lernkompetenz, denn Lernhaltigkeit ist positiv mit Lernkompetenz gekoppelt. Detaillierte und konstruktive Rückmeldungen können zudem die Auswirkungen ungünstiger sozialer Vergleiche mindern, die ich oben als wichtige Einflüsse auf die Lernbereitschaft älterer Beschäftigter beschrieb.

Unter dem Strich hat Herr Müller dank seines Engagements und dank der Zusammenarbeit mit den Wissenschaftlern jetzt eine ganz gute Vorstellung davon, wie er zu einem besseren Lern- und Altersklima in seinem F&E-Team beitragen kann. Er arbeitet daran, die Unternehmensleitung zu einem entsprechenden Weiterbildungsprojekt für alle Beschäftigten zu bewegen. Die Größe der Max Muster ist hier ein klarer Vorteil. Bei 180 Beschäftigten sind die Kommunikationswege recht kurz, es besteht die Chance eines relativ einheitlichen Klimas, das sich mit geeigneten Maßnahmen einfacher drehen lässt als in einem Großkonzern, wo einzelne Abteilungen größer sein mögen als die ganze Max Muster und wo abteilungsspezifische „Subklimata" herrschen. Positive Beispiele sind bei relativ wenigen Beschäftigten besser sichtbar und können leichter alle mitreißen als in sehr großen Belegschaften.

D. Und in Wirklichkeit ...?

Zugegeben, das Beispiel der Max Muster GmbH ist in seiner Gesamtheit fiktiv, wenngleich aus Fallbeschreibungen gespeist, die mir in meiner Forschungs- und Beratungsarbeit der letzten Jahre mit unterschiedlichen Unternehmen begegnet sind. Und so mögen Sie Zweifel an der Umsetzbarkeit hegen. Wiesen nicht die F&E-Leute Defizite in der generellen Motivation auf, warteten nicht manche von ihnen auf die Rente? Hat so ein Weiterbildungsprojekt dann überhaupt Sinn? Und muss man dabei nicht auch das Thema Ältere Beschäftigte offensiv angehen, was wohl ein eher schlechtes Klima und Unruhe stiften dürfte?

Was die allgemeine Arbeitsmotivation angeht, so ist richtig, dass sie zumindest soweit vorhanden sein muss, dass Beschäftigte sich auf ein Programm zur Weiterbildungsförderung überhaupt einlassen. Die Chancen stehen allerdings gut, dass sie das tun, denn erfolgreiches, effizientes Lernen ist bestens dazu geeignet, Beschäftigte ihrer Kompetenz zu versichern und ihre Wahrnehmung als leistungsfähig zu stärken. Diese Erhöhung der lernspezifischen Motivation trägt auch zur Steigerung der allgemeinen Arbeitsmotivation bei. Außerdem befolgt der, der Lernen gemäß der oben beschriebenen Strategie fördert, praktisch automatisch eines der wichtigsten Prinzipien des Motivierens. Motivation steigern heißt nicht immer nur, neue Motivatoren einzuführen, sondern häufig vor allem, alte Demotivatoren zu entfernen. Ein ungünstiges Lern- und Altersklima sind zweifellos zwei Beispiele starker Demotivatoren, deren Beseitigung der allgemeinen Arbeitsmotivation zu Gute kommen dürfte.

Auch auf die Frage nach den Umgang mit dem Thema Alter gibt es eine recht klare Antwort: Fast jedes Handeln ist besser als Nicht-Handeln, wenn das Thema ohnehin schon „in der Luft liegt" – und es dürfte sehr wohl in der Luft liegen angesichts der medialen Aufmerksamkeit, die den Auswirkungen von gesellschaftlicher Alterung und demografischem Wandel zuteil wird. In der gutgemeinten Absicht, keine Altersdiskriminierung zu begehen, fassen manche Unternehmen das Thema 50plus nur zaghaft oder gar nicht an. Damit überlassen sie es allerdings seiner Eigendynamik und vergeben ihre Gestaltungschancen. Nur was für alle Beteiligten offen sichtbar auf dem Tisch liegt, kann gemeinsam bearbeitet werden. Das Altersthema „totzuschweigen" ist die denkbar schlechteste Alternative. Sie leistet unscharfen oder gar falschen Vorstellungen über Lernfähigkeit 50plus Vorschub und zementiert althergebrachte, defizitorientierte Vorstellungen. Es gilt also: Wer handelt, kann nur gewinnen!

Erfahrung Deutschland – Comeback der Hochkaräter

Der Ruhestand muss nicht der Beginn von Untätigkeit sein: Erfahrung Deutschland (ED) sammelt und bündelt seit 2006 das Erfahrungswissen von über 5.400 ehemaligen Fach- und Führungskräften und stellt es Unternehmen für anspruchsvolle Projektarbeit bereit. Die durch ED vermittelten (Un)Ruheständler brillieren in der Logistik, Produktion und IT, aber auch im Vertrieb, Controlling oder Marketing. Das Führungskräfte-Netzwerk von Erfahrung Deutschland umfasst heute schon Erfahrungswissen von Senior-Experten aus über 100 Branchen, mit über 50 Funktionen in fast allen Sprachen der Erde.

Wie eine im Auftrag von ED umgesetzte Umfrage belegt, sind Wissensweitergabe und Herausforderung die Hauptantriebe der über 600 befragten Hochkaräter. Über 80 Prozent aller Umfrageteilnehmer wollen ihre Expertise in der Praxis angewandt sehen beziehungsweise sich weiterhin gefordert wissen. Nur einem guten Viertel der Befragten geht es ums Geld. Auch die generelle Bereitschaft ist ausnehmend hoch. Denn mehr als 60 Prozent der Senior-Experten macht den Willen zur Projektarbeit nicht am eigenen Alter fest – der (Un)Ruhestand kennt also kein zeitliches Limit. Außerdem sprechen sich beinahe 90 Prozent der Befragten gegen ein staatlich vorgeschriebenes Renteneintrittsalter aus. Vielmehr sollte es jedem Einzelnen überlassen bleiben, wie lange er arbeiten möchte – körperliche und geistige Fitness vorausgesetzt.

Keine alten Eisen: Senior-Experten gehen zurück in die Wirtschaft

Manfred Brock, Geschäftsführer von Erfahrung Deutschland, sagt: „Wer sich noch fit fühlt, sollte ruhig weiter arbeiten können. Die von ED-Mitgliedern umgesetzten Projekte belegen, dass der Einsatz von Unruheständlern in Unternehmen höchst willkommen ist. Insbesondere ehemalige Führungskräfte können ihre Nachfolger ideal ergänzen, da sie anders gelagerte Fähigkeiten mitbringen."

Nova.PE-Wissenstransfer

Mitarbeiter verfügen über wertvolles Wissen und viele Erfahrungen; das zeigt sich im demografischen Wandel besonders stark. Scheidet ein Mitarbeiter aus, wird klar, wie wichtig er für das Unternehmen war. Gerade in Betrieben, die ihre Belegschaft durch Frühverrentung verjüngt haben, besteht das Risiko, dass wesentliche Erfahrungen in Bezug auf Produkte, Kunden und Prozesse abhandenkommen. Dann müssen ehemalige Mitarbeiter ins Unternehmen zurückgeholt werden, was teuer und vermeidbar ist.

Der Nova.PE-Wissenstransfer wurde 2005 bis 2007 entwickelt, getragen vom europäischen Sozialfonds und begleitet von der Ruhr-Universität Bochum. Zuerst haben kleine und mittlere Unternehmen den Prozess zum Wissenstransfer angewendet, heute sind es 45 Unternehmen aller Größenklassen und Branchen mit insgesamt mehr als 600 erfolgreichen Transferprozessen.

Vorgehensweise zum Know-how-Erhalt

Die unverzichtbaren Kompetenzen des ausscheidenden Mitarbeiters werden im *einschätzenden Interview* mit der Führungskraft erfasst:

- Was nimmt der ausscheidende Mitarbeiter mit, was macht ihn unverzichtbar?
- Was will die Führungskraft gesichert wissen, was eher nicht?
- Soll das Know-how auch anderen Mitarbeitern zur Verfügung stehen?

Auf dieser Grundlage werden Transferprozesse von „alt“ zu „jung“ angestoßen. Ein Transfercoach unterstützt mit einem *Wissensbaum* die Erstellung des *Transferplans*, der Grundlage für eine Wissensübergabe neben dem Tagesgeschäft ist:

- Wie können „Geber“ und „Nehmer“ angesprochen und gewonnen werden?
- Welche Lehr-, Lern- und Transfermaßnahmen machen den Transfer erfolgreich?
- Wann soll welcher Schritt erfolgen?
- Wie lässt sich der Erfolg sicherstellen und messbar nachhalten?

Anwendung der Nova.PE-Systematik

Die Nova.PE-Systematik kann von Personalentwicklern für einen systematischen Einsatz erlernt oder als Dienstleistung fallweise eingesetzt werden.

Nova.PE

www.bkp-team.de

Regionale Kooperationen

Mein Gott, denkt sich Geschäftsführer Max Muster nach einem Unternehmertreffen in der Barbarossastadt Gelnhausen: Demografievorträge sind ja schön und gut, aber wie ich es verstehe, können wir an den Trends ohnehin nichts mehr ändern. Außerdem ist mein Unternehmen ein kleiner Mittelständler! Nehmen wir die Kinderbetreuung – vielleicht kann sich Fraport einen betriebseigenen Kindergarten leisten, bei uns muss Familienfreundlichkeit aber anders aussehen. Was sich wohl mit Sponsoring erreichen lässt? Oder Kooperationen? Mir ist einfach nicht klar, mit wem wir zusammenarbeiten können und was beispielsweise die Gemeinde oder das Land tun, um Unternehmen zu unterstützen, die an ihren Standort gebunden sind. Unser Unternehmen allein kann sich jedenfalls nicht gegen den Fachkräftemangel stemmen, wenn wir Maßnahmen entwickeln wollen, die uns voranbringen. Wie fangen wir am besten an, mit einem „Runden Tisch"? Vielleicht frage ich meinen Sohn, der studiert doch Verwaltungswissenschaften und hat mir vor Kurzem von Private Public Partnerships erzählt. Keine Ahnung, was er genau damit meinte ...

Regionale Bildungspartnerschaft zum lebenslangen Lernen

Karsten Rudolf

A. Einleitung: Regionale Potenziale entdecken!

Der Beitrag widmet sich bereits existierenden Beispielen und visionären Vorschlägen, die zeigen, wie Bildung helfen kann, den demografischen Wandel und die Fachkräftesicherung zu gestalten. Im Zentrum steht dabei die regionale Bildungspartnerschaft in Form von Private-Public-Partnership-Modellen (PPP). Diese sollen zur Zusammenarbeit zwischen Akteuren der Wirtschaft, Bildungsträgern und dem öffentlichen Sektor anregen. Der Main-Kinzig-Kreis (MKK), in dem die Max Muster GmbH ihren Sitz hat, teilt sich als bevölkerungsreichster Landkreis Hessens ebenso wie das Bundesland wirtschaftlich und demografisch in drei, zum Teil sehr unterschiedlich betroffene Gebiete: den noch wachsenden Speckgürtel um Frankfurt, die weitestgehend stabile Mitte um Gelnhausen und den schrumpfenden Kreisteil Richtung Fulda und Vogelsberg.[1] Die aufgezeigten Vorschläge sollten sich daher gut auf andere Regionen übertragen lassen.

I. Bildung als Leuchtfeuer im Demografienebel

Um dauerhaft am sozialen beziehungsweise beruflichen Leben teilzunehmen, brauchen wir weit mehr als eine ganzheitliche Grundbildung. Wir müssen ein Leben lang „am Ball bleiben", Techniken des Selbstlernens entwickeln und erkennen, dass Lernen auch Spaß macht. Die in den verschiedenen Bildungsprozessen erworbenen Einstellungen, Kenntnisse und Fähigkeiten rüsten den persönlichen Werkzeugkoffer auf, um mit den darin befindlichen Instrumenten neue Situationen gut zu meistern.

Dass wir schon immer lebenslang lernen, weil der Mensch gar nicht anders kann, um zu überleben, wissen wir nicht nur aus der Hirnfor-

1 Vgl. Berlin-Institut für Bevölkerung und Entwicklung, Die demografische Lage der Nation, 2011, S. 82.

> „Den größten Hebel, um den Fachkräftemangel in den Griff zu bekommen, sehen die befragten Unternehmen im Bildungssystem."

schung.[2] Und dennoch hat lebenslanges Lernen erst seit den 90er Jahren eine neue Qualität erreicht, wird ernsthafter betrachtet und hat sprichwörtlich Fahrt aufgenommen.[3] Der demografische Wandel mit seinen gesellschaftlichen Umwälzungen hat hieran einen entscheidenden Anteil. Man kann es wie Manfred Hoppe ausdrücken, dem dieses Buch gewidmet ist: „Der demografische Wandel schaltet das lebenslange Lernen scharf."[4]

Und wenn sich Geschäftsführer Muster die einzelnen Beiträge und Lösungsvorschläge in dem vorliegenden Buch betrachtet, dann wird ihm zunehmend deutlich, dass Bildung die verschiedenen strategischen Ansätze zum demografischen Wandel unterstützen kann. Dabei kann es sogar zum Leuchtfeuer werden, das unser Schiff durch die Nebelbänke navigieren hilft.

II. Leuchtfeuer entzünden durch eine regionale Bildungspartnerschaft

„In allen OECD-Staaten ist Bildung zum Schlüsselthema der politischen Debatte geworden. Zum Schlüssel für den wirtschaftlichen Erfolg des Einzelnen, aber auch zum Schlüssel für Wohlstand und Wettbewerbsfähigkeit der Länder insgesamt."[5] Und dennoch sind die Bildungsausgaben Deutschlands im Vergleich der OECD-Länder unterdurchschnittlich.[6]

Jürgen Hambrecht, der ehemalige Vorstandsvorsitzende der BASF SE, brachte die aktuelle Lage wie folgt aus den Punkt: „Wie können wir es

2 Vgl. zum Beispiel Spitzer, Lernen – Gehirnforschung und die Schule des Lebens, 2007, S. 10.
3 Vgl. Kraus, Lebenslanges Lernen – Karriere einer Leitidee, 2001; Ioannidou, Steuerung im transnationalen Bildungsraum, 2010.
4 Wortbeitrag von Manfred Hoppe auf dem Bildungskongress 2010 der Bildungspartner Main-Kinzig GmbH (BiP) in Gelnhausen.
5 Schleicher, Bildungsinvestitionen im internationalen Vergleich, in: Barz (Hg.), Handbuch Bildungsfinanzierung, 2010, S. 365.
6 Vgl. Autorengruppe Bildungsberichterstattung (Hg.), Bildung in Deutschland 2010, S. 33.

hinnehmen, dass jeder fünfte 15-Jährige in Deutschland nicht über das Grundschulniveau hinauskommt und Tausende Jugendliche jedes Jahr ohne Ausbildung oder Abschluss bleiben? Das können wir uns nicht leisten. Es nutzt wenig, jetzt mit dem Finger aufeinander zu zeigen und Schuldige zu suchen. Vielmehr müssen alle für die Bildung Verantwortlichen sich noch stärker als bisher vernetzen und an einem Strang ziehen: Lehrer, Eltern und auch die Wirtschaft, die aus eigenem Interesse einen Beitrag leisten muss. Wir brauchen diesen Bildungsschulterschluss. Und wir brauchen ein sehr viel stärkeres privates Engagement."[7]

So wie Jürgen Hambrecht, der ehemalige Vertreter eines Weltkonzerns aus Ludwigshafen, sieht auch der Geschäftsführer der kleinen Max Muster GmbH die Notwendigkeit zum Handeln. Er versteht dies nicht nur als gesellschaftliches Engagement, sondern als überlebenswichtige Investition für die Zukunft des eigenen Betriebes.[8] Denn im Wettbewerb sind alleine „erfolgsentscheidend der Einfallsreichtum und das Können der Beschäftigten."[9]

Geschäftsführer Muster ist sich bewusst, wie wichtig das regionale Umfeld für ihn und sein Unternehmen ist. Denn in Kommunen werden Bildungsbiographien geschrieben, weil die Menschen hier leben, arbeiten und meist auch lernen. Hier ist die Wirkung von guten Bildungsinitiativen unmittelbar spürbar, hier sitzen die Akteure, die Bildung fördern, und hier gibt es den direkten Bezug zu Unternehmen, die ihren Standort in der Kommune[10] haben. Daher liegt der Schluss nahe, dass er sich vor Ort auf eine Spurensuche zur Lösung seiner Fragen begeben muss.

Mit der betrieblichen Aus- und Weiterbildung wird nicht nur in den Geschäftserfolg des Unternehmens investiert[11]: Unternehmen verbessern damit auch ihr eigenes Umfeld als Reservoir für potenzielle Fachkräfte vor Ort und wirken als Zuzugsmagnet für anzuwerbende Fachkräfte samt deren Familien. Die Rolle, die Bildung und Kultur dabei spielen, muss von Unternehmensvertretern und Kommunalpolitikern

7 Hambrecht, Schulterschluss für die Bildung, in: Handelsblatt vom 11. November 2011, S. 10 (Zitat zur besseren Lesbarkeit gekürzt).

8 Drei interessante überregionale Bildungsinitiativen: arbeiterkind.de; deutschlandstipendium.de; wissensfabrik-deutschland.de.

9 Hambrecht, a.a.O.

10 Nicht nur als Stadt oder Gemeinde verstanden, sondern auch als Region bis zur Größe eines Landkreises oder Regierungsbezirks.

11 Vgl. Hüther/Werner, Beiträge der Wirtschaft, in: Barz, a.a.O., S. 317f.

gleichermaßen verstanden werden, damit alle in die gleiche Richtung rudern. Die Förderung eines Bildungsstandortes muss sonst zwangsläufig scheitern, die Region bleibt hinter ihren Möglichkeiten.

III. Private Public Partnership als Kern einer Allianz

Wie bei allen Projekten, so kommt es auch bei PPP-Bildungsinitiativen auf die beteiligten Personen an. Öffentliche Bildungsträger und Verwaltungen müssen lernen, schneller als gewohnt Entscheidungen zu treffen und Prozesse strukturiert voranzutreiben. Zudem müssen sie „stärker als bisher zum Trendscout in der Gesellschaft und den die Wirtschaft bewegenden Themen werden, Trends erkennen, thematisieren und nutzen, ohne sich ihnen unterzuordnen“[12] – gute Bildung und Förderung durch die Wirtschaft müssen kein Gegensatz sein! Unternehmen und Verbände sind aufgerufen, dem Können moderner Bildungsträger und Verwaltungen zu vertrauen. Dann sind dem Machbaren wenig Grenzen gesetzt. Denn eigentlich liegen eventuelle Grenzen nur im Willen, der Phantasie und dem Erfahrungshorizont.

An der öffentlichen Hand führt kein Weg vorbei. Schließlich unterhält, fördert oder beaufsichtigt sie die großen Einrichtungen der formalen Bildungsinfrastruktur wie Kinderbetreuungseinrichtungen, Schulen, Hochschulen oder Volkshochschulen. Die Kommune ist ein wichtiger und oft notwendiger Partner für Unternehmen, wollen sie in Sachen Bildung etwas bewirken. Dabei können die hauptamtlichen Wahlbeamten (Politiker), das zuständige Fachamt von Gemeinde, Stadt oder Kreis beziehungsweise die Einrichtungen selbst (zum Beispiel Schule) direkte Ansprechpartner sein.

Die in diesem Beitrag behandelte Bildungspartnerschaft folgt somit dem PPP-Gedanken. Dabei kann es sich um eine punktuelle Kooperation durch Sponsoring einer öffentlich getragenen Institution oder eines Projektes handeln.[13] Weitergehend ist die strategische Allianz zum lebenslangen Lernen – sei es institutionell oder in Form einer Initiative. Dabei muss allen bewusst sein, dass es beiderseitige legitime Inte-

12 Zeller, Politische Bildung in und mit Unternehmen, in: Rudolf/Zeller, Politische Bildung – gefragte Dienstleisterin für Bürger und Unternehmen, S. 284f.

13 Vgl. zum Beispiel Späth/Michels/Schily (Hg.), Das PPP-Prinzip. Die Privatwirtschaft als Sponsor öffentlicher Interessen, 1998.

ressen als Motiv zur Zusammenarbeit gibt: PPP „bedeutet auch wechselseitige Abhängigkeit, daher ist die Klarheit der Absprachen wichtig."[14] Nicht dem PPP zugerechnet wird hier eine einfache Investorenrolle des privatwirtschaftlichen Sektors, der der öffentliche Sektor dann als Mieter begegnet – wie so oft im Schulneubau vorzufinden.

IV. Bildung vor Ort ist mehr, als man denkt – erste PPP-Ansätze

1. *Lernbarrieren abbauen*

PPP kann auch die Lernumstände positiv beeinflussen. So wird es dem Lernklima zuträglich sein, wenn zwischen Unternehmen und öffentlicher Hand Strategien zur Unterstützung des lerninteressierten Arbeitnehmers im Bereich des ÖPNV oder mit Betreuungsmöglichkeiten für Anvertraute (zum Beispiel Kinder oder zu pflegende Angehörige) ausgearbeitet werden. Oder umgekehrt betrachtet: Lernbarrieren können auch der erschwerte Zugang zu Bildungsangeboten sein.

So ist beispielsweise unabhängig von der Notwendigkeit guter pädagogischer *Arbeit* eine zeitliche Kinderbetreuung vor Ort ein wichtiges Element der Vereinbarkeit von Beruf, Familie und Lernen. Trotz des Ausbaus der Betreuungsplätze ist hier insbesondere im U3-Bereich (Ausbauquote im MKK 29 Prozent) noch viel zu leisten. Hinzu kommen Flexibilitätsanforderungen und Schichtdienste mit zum Teil sehr frühem Beginn, denen öffentliche Kindertagesstätten nur in engen Grenzen gerecht werden können. Unabhängig davon, ob Kommunen freie Kitaplätze anbieten oder Unternehmen dies – im Verbund oder auf eigene Kosten – in die Hand nehmen, jeder dieser Ansätze stellt einen ersten Orientierungspunkt für die Überlegungen der Max Muster GmbH dar.

2. *Bildungsstiftung*

Herr Muster liest im Rhein-Main-Teil der F.A.Z., dass in Nidderau eine Bürgerstiftung zur Förderung sozialer und kultureller Aktivitäten von Bürgern und Unternehmern entstehen soll. Das findet er ein spannendes Vorhaben. Immerhin gibt es in Deutschland eine Reihe guter Beispiele solcher Bürgerstiftungen. Eine der prominentesten ist „Die

14 Krull, Potentiale, Probleme und Perspektiven, in: Stifterverband für die Deutsche Wissenschaft (Hg.), Public Private Partnership, 1999, S. 7.

Wiesbaden Stiftung". Herr Muster glaubt, dass es möglich sein muss, eine solche Bürgerstiftung nicht nur auf eine Stadt und ein breites Themenspektrum[15] auszurichten, sondern für eine ganze Region als spezialisierte Bildungsstiftung ins Leben zu rufen. Damit können Unternehmen und die Politik gezielt regionale Bildungsprojekte fördern und steuern. Auch Bürger könnten sich in vielfältiger Art einbringen; beispielsweise, indem sie Patenschaften übernehmen. So hat Herr Muster im Hanauer Anzeiger davon gelesen, dass die kreiseigene Bildungspartner Main-Kinzig GmbH (BiP) bereits mit finanzieller Unterstützung des regionalen Gasversorgers 60 ehrenamtliche Leselernhelfer gefunden, ausgebildet und an interessierte Schulen vermittelt hat. In einem anderen Fall hat sie Bürger gefunden, die durch eine Patenschaft die Finanzierung von Aufbaudeutschkursen für zwei Migrantinnen ermöglichten. Das sind nach Ansicht von Herrn Muster gute Ansätze bürgerschaftlichen Bildungsengagements, wie es sie auch andernorts gibt und die in einer Bildungsstiftung kanalisiert werden könnten.

3. Kommunales Bildungszentrum beziehungsweise regionaler Bildungsdienstleister

Herr Muster ist froh, denn der MKK ist im Gegensatz zu anderen Regionen schon sehr weit, und eine solche Bürgerstiftung könnte die bereits begonnene Arbeit unterstützen. So wurde 2007 auf der Grundlage eines Kreistagsbeschlusses die Fusion zweier öffentlicher Bildungsträger (Kreisvolkshochschule und die bereits ausgegründete ehemalige Aus- und Fortbildungsabteilung der Main-Kinzig-Kliniken) beschlossen, die zu diesem Zeitpunkt nicht nur Doppelstrukturen aufwiesen, sondern in einigen Feldern sogar miteinander konkurrierten – trotz desselben Eigentümers. Der MKK stellte mit einem Bildungsbudget und dem Beschluss zur Fusion die Rahmenbedingungen bereit. Ohne politische Vorgaben konnte sich Anfang 2008 die Fusion frei entwickeln, dann erfolgte die inhaltliche Neuausrichtung und Positionierung der neuen Gesellschaft am Markt. Viele der in diesem Beitrag geschilderten Bildungsaktionen entstammen diesem Prozess. Entstanden ist mit der BiP[16] ein bundesweit beachtetes Modellprojekt. Dieses zeich-

15 In der Regel sind diese Bürgerstiftungen vom Stiftungszweck her bewusst auf ein allumfassendes Ziel ausgerichtet und bedienen gleichermaßen Projekte in den Feldern Heimatkunde, Denkmalpflege, Kultur, Bildung, Soziales, Umwelt etc. Dadurch soll das Spektrum Stiftungswilliger erweitert werden.

16 Weitere Informationen unter bildungspartner-mk.de und Geschäftsbericht 2010 Seite 20f.

net sich durch die konsequente Weiterentwicklung zweier vormaliger Erwachsenenbildungsträger hin zu einer demografieorientierten Bildungsarbeit zur Unterstützung von Organisationen und Menschen in allen Lebensphasen aus. Dabei konnte der Main-Kinzig-Kreis sogar schrittweise und planmäßig deutlich in seinem bereitgestellten Bildungsbudget entlastet werden. Das Ergebnis ist eine moderne Bildungsarbeit, die – an den Kennzahlen ablesbar – attraktiver aufgestellt ist als zuvor.

Das Besondere an dem Konzept ist auch, dass ein regionaler Bildungsdienstleister entstanden ist, der „Bildung aus einer Hand“ bietet. Ein Partner für lebenslanges Lernen, der seine Arbeit in die drei Säulen Volkshochschule (Bildung für alle), Akademie für Gesundheit (Bildung für das Gesundheitswesen, betriebliche Gesundheitsbildung und Schule für Pflegeberufe) und Campus berufliche Bildung (Bildung für Unternehmen und Berufstätige) gliedert. Neben jährlich über 1.100 eigenen Bildungsangeboten und der Berufsausbildung fördert die BiP durch ihr ordnungspolitisches Handeln das lebenslange Lernen in der Region, vernetzt die vorhandenen Aktivitäten anderer und macht die Bildungsarchitektur sichtbarer. Auch repräsentative Bedarfserhebungen mit Emnid zählen dazu.[17]

Nach der guten Entwicklung und der breiten Akzeptanz, die die BiP mit ihrer Arbeit erzielte, erhielt sie schließlich die Möglichkeit, ein von ihr konzipiertes Bildungshaus zu errichten. Die Baukostenmittel in Höhe von 10.000.000 Euro stellte der MKK zur Verfügung (der Bau wurde damit sogar günstiger als ursprünglich kalkuliert). Entstanden ist 2011 auf 4.000 qm und drei Stockwerken eine Lernwelt für ALLE in der Region, deren Lernweltkonzeption sich in der Fachwelt und den Medien großer Nachfrage erfreut.[18]

Ein solch kommunales Bildungszentrum beziehungsweise ein regionaler Bildungsdienstleister bietet Herrn Muster die Chance, (nur) einen Ansprechpartner für vielerlei Anliegen zum lebenslangen Lernen

17 Rudolf, Berufliche Bildung: Was wollen die Bürger? Marktanalyse im Main-Kinzig-Kreis, in: dis.kurs, 1/2010, S. 18; Rudolf/Heim, Gesundheitsbildung: Was wollen die Bürger?, in dis.kurs, 2/2011, S. 30ff.; Vgl. ferner auch Rudolf, Politische Bildung (k)ein Thema für die Bevölkerung? Was wollen die Bürger? in: APuZ 45/2002, S. 45–53. Auch das Bildungsmonitoring kann andernorts ein PPP-Projekt werden.

18 Lernkonzept und Hausquerschnitt enthält ein bestellbarer Faltplan: info@bildungspartner-mk.de.

zu haben. Dort, wo die BiP nicht selbst weiterhelfen kann, hilft sie durch ein wachsendes Partnernetzwerk. Die BiP wirkt aufgrund ihrer Konzeption in alle Bildungsabschnitte[19] hinein – unterstützt und ergänzt wo nötig die Bildungsarchitektur im MKK. Auch Kammern brauchen in den Regionen solche Partner, die sie dabei unterstützen, infrastrukturell und qualitativ langfristige Bildungsmaßnahmen wie beispielsweise Bildungsprogramme zu IHK-Fachwirten umzusetzen. Hier kann noch viel PPP-Potenzial gehoben werden!

In anderen Kreisen könnten solche Bildungszentren/-dienstleister durch die Wirtschaft angestoßen werden, zeigt sich Herr Muster überzeugt. Von zwei Landkreisen in Hessen (MTK und Odenwald), die das Modell interessant finden und in ähnlicher Form aufgreifen wollen, hat er schon gehört. Aber auch ein Bildungshaus für eine ganze Region ist ein Ansatz, den seine Kollegen in anderen Kreisen in PPP-Projekten aufgreifen könnten, um diese Lernzentren gemeinsam zu errichten und dann selbst mitzunutzen. Auch in anderen Teilen Deutschlands gibt es schon länger Versuche, mehrere Institutionen unter einem Dach zusammenzufassen, wie in Dreieich mit dem Haus des lebenslangen Lernens (allerdings ist hier keine Fusion vorausgegangen wie im MKK) oder besonders vorbildlich gelöst in Unna in Nordrhein-Westfalen.

Schwerfällige runde Tische mit sehr unterschiedlichen Interessenlagen, langwierigen Entscheidungsprozessen zur Durchführung von Bildungsprojekten und oft zu dünnen Ergebnissen bleiben Herrn Muster durch den bereits vorhandenen öffentlichen Bildungsdienstleister BiP erspart. Der Trägerdschungel, der in Hessen rund 1.500 Bildungsanbieter umfasst, davon alleine über 900 im Regierungsbezirk Darmstadt,[20] dem Sitz der Max Muster GmbH, lichtet sich dadurch schlagartig.

B. Praktische Vorschläge regionaler Bildungspartnerschaft

I. Unterstützung strategischer Personalplanung

So zählen die Kompetenzfeststellung (Einstufungs- und Bildungsberatung) und die Qualifizierung von Menschen zum Kerngeschäft von Bil-

19 Kindergarten- und Grundschulzeit, weiterführende Schule, Berufs- und Hochschulausbildung, Weiterbildungs- und „Silver Ager-Phase".
20 Vgl. Schemmann/Seitter, Weiterbildungsbericht Hessen 2010, 2011 S. 18.

dungsträgern. Das kann in der strategischen Personalplanung und -entwicklung dabei helfen, eigene Mitarbeiter auf Positionen weiterzuentwickeln, die durch externe Fachkräfte nicht zu besetzen sind.[21] Geschäftsführer Muster hatte in seinem Unternehmen erst vor Kurzem zwei Bildungsberatungen, eine durch das regionale Bildungszentrum BiP und eine durch eine Mitarbeiterin der in jedem Landkreis sitzenden „Hessischen Qualifizierungsoffensive". Dadurch wurde zwei seiner Mitarbeiter geholfen, ein auf ihre Bedürfnisse zugeschnittenes Bildungsangebot in der Region zu finden und sich auch im Sinne des Unternehmens weiterzuqualifizieren. Da sein Betrieb die Anforderungen an die Größenklasse erfüllt und auch der Arbeitnehmer die individuellen Voraussetzungen, vermittelten die zwei akkreditierten Stellen den „Hessischen Qualifizierungsscheck". Mit dessen Hilfe wurde den zwei Mitarbeitern sogar 50 Prozent ihrer Fortbildungskosten (bis zu max. 500 Euro) vom Land Hessen erstattet. Diese Form der Beratung müsste sich noch ausbauen lassen, denkt Herr Muster. Er will überlegen, wie sie sich in die Personalentwicklung integrieren lässt und welche Möglichkeiten der Kompetenzfeststellung es für Stellenumbesetzungen oder Nachfolgeregelungen bisher schon gibt.

II. Unterstützung beim Employer Branding

Bildungsaktivitäten können aber auch das Employer Branding unterstützen. Denn als attraktiver Arbeitgeber zählt heute, wer den eigenen Mitarbeitern gute Möglichkeiten zur Fortbildung und zur Gesundheitsförderung bietet. Gerade hat Herr Muster in einem Programmheft des kommunalen Bildungszentrums darüber gelesen, dass dieser mit seiner Akademie für Gesundheit speziell für KMU einen Lehrgang zum „Betrieblichen Gesundheitsmanager" anbietet. Er wird seinen Personalreferenten zu diesem Lehrgang schicken, damit er verschiedene Modelle entwickelt, wie im Arbeitsalltag und ergänzend dazu gesundheitsfördernde und vorbeugende Akzente in der Max Muster GmbH gesetzt werden können. Dabei setzt Geschäftsführer Muster auch auf das Know-how des örtlichen Krankenhauses und dessen Physiotherapiezentrums sowie auf Fitnessstudios, das Gesundheitsamt, Sportvereine, Krankenkassen und andere regionale Akteure. Spannend ist für ihn, dass der regionale Bildungsdienstleister nicht nur den oben genannten Lehrgang durchführt, sondern zukünftig selbst auch Arbeits-

21 Vgl. Ryschka/Solga/Mattenklott, Praxishandbuch Personalentwicklung, 2011, S. 342ff.

platzanalysen, Gesundheitsbildung, Anti-Suchtprogramme für Auszubildende etc. gestaltet und dabei mit all diesen Akteuren kooperiert, sie im Netzwerk vereint. Dadurch hat Herr Muster nur einen Ansprechpartner.

Und wenn Herr Muster über das Thema Gesundheit so nachdenkt, vielleicht wäre ja auch ein Bildungsprogramm denkbar, das er zusammen mit anderen KMU und den Kommunen für Mitarbeiter auflegt, die sich um pflegebedürftige Angehörige kümmern müssen. Diese Art der Unterstützung würde sich sicher auch positiv auf das Arbeitsklima in der Max Muster GmbH auswirken. Vorbild dafür könnte die bereits existierende Ausbildung (Abendkurse) zur Pflegeassistenz der BiP sein.

Beim Employer Branding ist jedoch ebenso entscheidend, wie attraktiv das Umfeld ist, in das ein Unternehmen eingebettet ist. Besonders in eher ländlichen Regionen wie dem MKK, in der die Max Muster GmbH ansässig ist, sind solche Faktoren neben der allgemeinen Erscheinung einer Region eine wichtige Werbegröße. Dabei ist es für Väter und Mütter von großer Bedeutung, wie gut die Bildungsinfrastruktur (Kinderbetreuung, Schulen und Ausbildung/Studium) ausgebaut und erreichbar ist.

Aber nicht nur für Eltern gibt es wichtige Gründe, sich für eine Region und ein dort ansässiges Unternehmen zu entscheiden. Für Arbeitnehmer jeden Alters kann die Frage zumindest interessant sein, wie vielfältig und wohnortnah die freizeitorientierte Bildungslandschaft (zum Beispiel Sprachlernanbieter oder Ausstattung an informellen Lernorten wie Bibliotheken und Museen) für den Arbeitnehmer selbst oder dessen Partner ist. Hier findet es Herr Muster sehr hilfreich, dass er bei Anfragen von Bewerbern auf die virtuelle Landkarte „Lebenslanges Lernen im MKK" verweisen kann, die der regionale Bildungsdienstleister entwickelt und auf seiner Homepage bereitgestellt hat.[22] Hierauf sind alle Lernorte in der Region verzeichnet und mit Hintergrundinformationen versehen. Herr Muster nimmt sich vor, jährlich ein Sponsoring

22 Wenn an dieser und anderen Stellen im Beitrag auf konkrete Angebote der BiP als kommunalem Bildungszentrum hingewiesen wird, so soll das nicht in erster Linie der Werbung für diese Institution dienen. Vielmehr soll es dem Leser im Sinne einer Ideenbörse deutlich machen, was auch andernorts zu den aufgezeigten Fällen realisierbar ist. Sollte es beispielsweise die hier beschriebene Lernortlandkarte bei Ihnen noch nicht geben, könnten Sie sie in Kooperation mit dem Landkreis oder einem Bildungszentrum für Ihre Region umsetzen lassen.

für einen spannenden Lernort in seiner Stadt zu tätigen, um die Arbeit auch dieser Organisationen zu unterstützen. Beginnen will er mit der Bibliothek.

III. Unterstützung beim Diversity Management

Ein drittes Handlungsfeld, das im demografischen Wandel an Bedeutung gewinnt, ist Diversity Management. Hier ist der Umgang mit interkulturellen Fragen (zwischen verschiedenen Länderkulturen, zwischen den Geschlechtern, interreligiös etc.) entscheidend für ein gelingendes Miteinander und für effektive Teamarbeit. Seminarangebote und Bildungsprojekte können wichtige Impulse zum gegenseitigen Verständnis liefern, Vorurteile abbauen helfen sowie fit machen für den Umgang in und mit anderen Kulturkreisen.[23] Herr Muster hat hierzu gleich zwei Ideen. Zum einen will er nach einer Analyse passgenaue Seminarangebote für seine GmbH in Kooperation mit den Kirchen, dem Integrationsbeauftragten des Kreises und dem Ausländerbeirat entwickeln und umsetzen. Zum anderen will er bei seinem nächsten Rotary Clubabend anregen, dass sich Unternehmen und Multiplikatoren der Region mit Schulen zusammentun, um gemeinsam neue interkulturelle Projekte durchzuführen oder bereits vorhandene Ansätze in den Schulen zu unterstützen. Beide Zielrichtungen helfen aktuell und zukünftig, für ein gutes Betriebsklima und -umfeld Sorge zu tragen. Da Herrn Musters Zeit als Geschäftsführer sehr knapp und sein Unternehmen zu klein ist, um jemanden extra dafür abzustellen, will er „Türen öffnen" und spenden. Daher hofft er, im regionalen Bildungsdienstleister oder im Schulträger (MKK) einen Ansprechpartner zu finden, der bei der Umsetzung hilft.

IV. Unterstützung beim Wiedereinstieg der Frauen

Geschäftsführer Muster ist davon überzeugt, dass Weiterbildung, wenn sie richtig flankiert wird, auch dabei helfen kann, Frauen als Fachkräfte wieder besser in den Berufsalltag der Max Muster GmbH zu integrieren. Denn „nur wenige Frauen bilden sich in der Phase ihrer Nichterwerbstätigkeit weiter. Wir können nicht belegen, ob die Weiterbildung unmittelbar zu einem Wiedereinstieg führen würde. Ermöglichen würde sie ihn sicher, denn viele Frauen waren zu lange draußen, als

23 Zeller, a.a.O., S. 207ff.

dass ihr Wissen den Anforderungen des heutigen Arbeitsmarktes voll entsprechen könnte."[24] Auch hierbei können Unternehmen und öffentliche Hand noch stärker an einem Strang ziehen.

Zum einen könnte die Betreuung der Kinder durch die Kommune zur Entlastung der Lernwilligen erfolgen, unter finanzieller Beteiligung von Arbeitgeber und Arbeitnehmerin. Zum anderen ist eine Beratung durch den öffentlichen Weiterbildungsanbieter und die Finanzierung des zielgerichteten Weiterbildungsangebotes durch staatliche Förderprogramme und Unternehmen denkbar. Von der Bundesagentur für Arbeit gibt es ein Aktionsprogramm „Perspektive Wiedereinstieg" (zu finden unter gleichnamiger Internetseite) zur Entwicklung von Modellen und als Informationsbörse. Konkret wird es aber auch hierbei erst vor Ort – eventuell im oben beschriebenen PPP-Ansatz.

V. Unterstützung bei der Integration ausländischer Fachkräfte

Geschäftsführer Muster las in der Gelnhäuser Neuen Zeitung, dass das kommunale Bildungszentrum mit seiner vhs-Arbeit für Migranten schon seit vielen Jahren Integrationskurse im Auftrag des Bundesamtes für Migration und Flüchtlinge durchführt. Diese haben das Ziel, die Menschen in der deutschen Sprache fit zu machen, um ihnen so die gesellschaftliche und berufliche Eingliederung zu ermöglichen. Bis zu 645 Unterrichtsstunden umfasst dieser Unterricht durch speziell qualifizierte Dozenten.[25]

Auch Unternehmen nutzen zur sprachlichen Qualifikation ihrer im Ausland rekrutierten Fachkräfte ähnliche Angebote. So lassen die ortsansässigen Main-Kinzig-Kliniken ihre Ärzte, die sie in Osteuropa angeworben haben, durch den kommunalen Bildungsdienstleister BiP in der deutschen Sprache unterrichten und übernehmen dafür die Kosten. Und in einem Krankenhaus in Frankfurt führt die BiP mit Muttersprachlern Englischkurse für Pflegekräfte durch, um diese für den kommunikativen Umgang mit ausländischen Patienten zu qualifizieren. Das wäre doch genau das richtige Angebot, für die von der Max Muster GmbH rekrutierten Ingenieure aus Spanien, denkt sich der Ge-

24 Allmendinger, Verschenkte Potenziale? Lebensläufe nicht erwerbstätiger Frauen, 2011, S. 140.

25 Die rund 900 Volkshochschulen sind in Deutschland übrigens der größte Bildungsanbieter in Sachen Integrationskurse.

schäftsführer. Sie könnten für die Arbeit sprachlich fit gemacht werden und würden sich besser in ihrem Alltag außerhalb des Betriebes zurechtfinden.

Herr Muster hat sogar noch eine weitere Idee: Er will nicht nur die Ingenieure selbst in solch einen Kurs schicken, sondern auch den Familienangehörigen einen Sprachkurs sponsern, damit auch sie sich wohlfühlen und der MKK schnell zu ihrer Heimat wird. Denn was bringt es dem Unternehmen, wenn die Angehörigen Druck erzeugen, um den Vater oder die Mutter wieder zur Rückkehr nach Spanien zu bewegen, weil sie nicht integriert sind. Mit der örtlichen Agentur für Arbeit will er darüber hinaus das Gespräch suchen, wie man den Angehörigen seiner rekrutierten Ingenieure zu einer Arbeitsstelle in der Region verhelfen kann. Das sollte helfen, seine Argumentation zur Anwerbung und Bindung potenzieller Fachkräfte noch weiter zu verbessern. Ein Vorbild dazu kann auch die Goethe Universität Frankfurt sein. Diese hat beispielsweise in ihrem Career Service ein vergleichbares Angebot eingerichtet, das begleitend eine Beratung und Unterstützung für die Angehörigen von berufenen Lehrstuhlinhabern bietet.

VI. Unterstützung bei der Bildungsarbeit für Familien

Neben den gezeigten Beispielen können Unternehmen aber noch weitere Projekte zur Unterstützung von Mitarbeiterfamilien durchführen (selbstverständlich nicht nur für den Fall der Spanier). Eine Möglichkeit sind die in vielen Unternehmen praktizierten Ferienbetreuungsangebote. Die BiP führt hierzu beispielsweise jährlich drei kinderuniversitätsähnliche Angebote durch. Der Kindercampus in Hanau findet in Kooperation mit einer der Heraeus-Stiftungen und in Nidderau zusammen mit der Firma Engelhard Arzneimittel statt. Die Räumlichkeiten in Nidderau werden von der Stadt gestellt. Unternehmen können gemeinsam mit Bildungsträgern aber auch Hausaufgabenhilfen für Mitarbeiterkinder von 12.00 bis 18.00 Uhr anbieten, wie es die Sick AG in Kooperation mit dem Kinderschutzbund Waldkirch im Schwarzwald macht.

Umfassender als solche Ferienangebote wäre die Initiierung und/oder Förderung eines oder mehrerer Familienzentren. Oft haben Kommunen leerstehende Räumlichkeiten. Ihnen fallen aber die finanzielle und inhaltliche Ausgestaltung, die Renovierung, das Heben bürgerschaftlichen Engagements zum Betreiben dieser Einrichtungen und insbesondere die Vernetzung mit gesellschaftlichen Initiativen und

Partnern schwer. PPP kann bei deren Gründung helfen, wenn sie nicht ohnehin durch eine Anschubfinanzierung aus Bundes- oder Landesprogrammen gefördert sind. Als Mini-Volkshochschulen mit familienorientierten Angeboten für Alt und Jung, Bibliotheksfilialen, Betreuungsangeboten und sozialen Treffpunkten können sie attraktive Freizeitbildungs- und Familienbetreuungsfunktionen ausüben und durch Hausaufgabenhilfen oder Lernberatung Jugendliche und Ältere beim Lernen unterstützen.[26] Herr Muster will sich den Gedanken noch einmal in Verbindung mit der Gründung einer Bildungsstiftung durch den Kopf gehen lassen. Vielleicht könnte so ein Familienzentrum ja ein Satellit eines regionalen Bildungszentrums werden. Auch könnte ein von der Wirtschaft gefördertes öffentliches Familienzentrum in seiner Nähe vielleicht Betreuungslücken im flexibel nutzbaren Bereich schließen und gleichzeitig zur Integration und Qualifizierung von Angehörigen der Mitarbeiter beitragen.

VII. Unterstützung beim Recruiting

1. *Berufsorientierungsmaßnahmen*

Im Bereich des Recruitings können Berufsorientierungsseminare helfen, wie sie die HessenChemie in der Region Wiesbaden oder die BiP im MKK in Kooperation mit der Agentur für Arbeit und dem Arbeitskreis SchuleWirtschaft durchführt. Diese Seminare können einen Beitrag zur richtigen Berufswahl im Interesse der Schüler leisten und den Blick auf wenig beachtete Ausbildungsberufe, insbesondere in Handwerks- und Industrieberufen, lenken.

Denn die Max Muster GmbH teilt das Schicksal mit vielen anderen Betrieben, wenn sie eine Handwerksmeisterstelle nur schlecht besetzen kann. Schon heute sind bundesweit 10.000 Plätze im Handwerk offen, und viele Betriebseigentümer suchen einen Nachfolger, damit ihr Unternehmen weitergeführt werden kann. Geschäftsführer Muster will hier einen Beitrag leisten, indem er seine IHK für eine intensivere Zusammenarbeit zwischen den Betrieben ihres Kammerbezirkes und den Handwerkskammern, dem regionalen Bildungszentrum und den Schulen gewinnen möchte. Er will dabei vor allem für eine intensivere Verzahnung und Abstimmung der vielfältigen und sinnvollen Einzel-

26 Einige Beispiele: kleiner-anton.de; familienstadt-buedingen.de; evangelische-familienbildung.de.

aktivitäten wie Berufsorientierungsseminare, Trainings, Praktika, Berufsmessen eintreten, von denen er in der Tagespresse so viel gelesen hat. Hier muss mehr Schlagkraft rein, mehr flächendeckende Versorgung und weniger Zufälligkeit (weil ein Schüler gerade mal auf einer im Bereich Berufsorientierung besonders engagierten Schule ist), zeigt er sich überzeugt. Betriebspraktika alleine reichen dazu nicht. Auch will sich Herr Muster selbst mit Vorträgen in einzelne Seminare einbringen und seinen Betrieb für Praktika und Besuche von Lehrergruppen öffnen. Berichte darüber, wie intensiv mittlerweile sogar große Unternehmen in Berufsorientierungsprojekte zur Nachwuchsgewinnung investieren, bestätigen ihn in dieser Absicht.

2. *Partnerschaft Unternehmen und Schulen*

Zum Nutzen seines eigenen Unternehmens will Herr Muster aber auch mit einem Gymnasium sowie einer Haupt- und Realschule stärker direkt kooperieren. Hier beabsichtigt er, quantitativ als Sponsor in Erscheinung zu treten und qualitativ durch inhaltliche Beiträge betriebsrelevante Erfahrungen an das Kollegium und die Jugendlichen zu vermitteln. Dadurch erhofft sich der Geschäftsführer eine größere Bekanntheit und Attraktivität bei Schülern, um mit den bekannten Namen der größeren Unternehmen in der Region besser mithalten zu können, wenn der Kampf um die Talente richtig losgeht. Ein weiterer Vorteil ist, dass er durch eine Partnerschaft mit bestimmten Schulen auch deren Qualitätsniveau gut einschätzen und in der Kooperation wichtige Akzente setzen kann. Über eine solche Partnerschaft entscheiden die Schulen übrigens frei und sind direkter Ansprechpartner der Unternehmen.

Herr Muster erhofft sich von einer stärkeren Verzahnung für sich und seine Personalreferenten aber auch einen besseren Eindruck von dem, was Schulen heute konkret an Fragestellungen bewegt und was sie fernab aller öffentlichen Darstellungen und PISA-Erhebungen leisten. Ja, und für die Lehrer ist der unmittelbare Einblick umgekehrt in die Bedürfnisse eines Unternehmens sicher ebenso hilfreich. Der Arbeitskreis SchuleWirtschaft der BDA kann dabei gut unterstützen. Herr Muster hat davon gehört, dass auch der regionale Bildungsdienstleister BiP mit einem großen Chemieunternehmen im MKK einen ersten Dialog zwischen dessen Ausbildungsabteilung und der Philipp-Reis-Schule in Gelnhausen mit ihren SchuBKlassen (Grund- und Hauptschule und mehrfach überregional ausgezeichnet) sowie der Kopernikusschule in Freigericht (Europa- und Gesamtschule sowie größte allgemeinbildende Schule Deutschlands) vermittelt und ein Programm zum Erfahrungsaustausch mit entwickelt hat. Daran möchte Herr Muster gerne anknüpfen.

3. *Bildungsabschlüsse*

„Deutschland hat in den letzten zehn Jahren gegenüber anderen Ländern erheblich an Vorsprung eingebüßt. Während sich alle anderen OECD-Länder zum Teil deutlich verbessern konnten, hat sich die Situation in Deutschland hinsichtlich der Ausstattung mit formalen Bildungsabschlüssen kaum verändert. Höhere Arbeitskosten können somit nicht mehr in gleichem Maße durch eine höhere Qualifikation ausgeglichen werden, wodurch sich die finanziellen Rahmenbedingungen für Unternehmen in Deutschland verschlechtert haben.“[27]

Hierbei spielen der Anteil an Hochqualifizierten und der Anteil Jugendlicher ohne Abschluss gleichermaßen eine entscheidende Rolle. Geschäftsführer Muster erfährt aus dem Demografiereport des Berlin-Instituts, dass seine Heimatregion in vielen Punkten gut dasteht, aber es im Bereich Integration von Migranten mit Blick auf Bildungs- und Arbeitsmarktchancen, dem Anteil der Jugendlichen ohne Abschluss und der Quote der hoch Qualifizierten schlechter bestellt ist als in anderen Kreisen Hessens – und auch andernorts sind diese Kennzahlen alles andere als gut.[28] Daher erscheint Herrn Muster auch dieser Aspekt der Zusammenarbeit zwischen Unternehmen und Schulen als für die Wirtschaft herausragend.

Da sich Herr Muster jedoch bereits in vielen Projekten selbst engagieren will, hält er es für sinnvoll, hier einen Freund anzusprechen, der zwar als Unternehmer einer anderen Branche angehört, aber vor ähnlichen Herausforderungen steht. Sein Freund verfügt über einen guten Zugang zum Lions Club sowie zu verschiedenen überregionalen Bildungspolitikern und könnte bewirken, dass sich Unternehmensvertreter, Schulen und (hierbei noch wichtiger als bei den anderen Projekten) auch Politiker, Schulamt und Schulträger an einen Tisch setzen, um auszuloten, wie sich die Wirtschaft gut koordiniert einbringen kann. Die Erfahrungen und Empfehlungen der Kammern, Verbände und Ministerien auf Landesebene sollten hier ebenfalls einfließen, da das Thema grundsätzlich jeden betrifft.

27 Hüther/Werner, a.a.O., S. 317.
28 Berlin-Institut für Bevölkerung und Entwicklung, a.a.O., S. 87.

Als ein interessantes Projekt in diesem Zusammenhang empfindet Herr Muster die in diesem Buch beschriebene Initiative „Joblinge". Vielleicht könnte sein Freund dies ja als eine erste Maßnahme auch im MKK einführen, um benachteiligte Jugendliche zu unterstützen. Aber auch die Initiative Bildungsketten des BMBF (zu finden unter gleichnamiger Internetseite) ist ein gutes Angebot, das stärkere Verbreitung finden sollte.

VIII. Unterstützung durch berufsbegleitende Studienangebote

Und nun zu den Hochqualifizierten: Unternehmen wünschen sich mehr berufsbegleitende Angebote von Hochschulen.[29] Auch hier muss regional in einer Partnerschaft etwas getan werden, das erkennt Herr Muster. Denn auch er hätte sich wie 40 Prozent der 107 vom Stifterverband für die Deutsche Wissenschaft befragten Unternehmer dafür ausgesprochen, dass Fortbildungen, auch universitärer Art, ortsnah zu seinem Betrieb stattfinden sollen.[30] Das betrifft Studiengänge in der Nähe, die die Vereinbarkeit von Beruf, Familie und Lernen leichter ermöglichen. Aber auch Qualifizierungen sind verstärkt erforderlich, denn laut einer Studie des Instituts der Deutschen Wirtschaft Köln geben 70 Prozent der Unternehmen, die Bachelor-Absolventen einstellten, an, mit deren Fähigkeit unzufrieden zu sein, sich in neue Fachgebiete einzuarbeiten und das erworbene Wissen auf neue Probleme anzuwenden.[31]

Aus diesen zwei Gründen wünscht sich Herr Muster ein arbeitsplatznahes duales Studienangebot, am besten berufsbegleitend, damit die Praxis- und Unternehmensprägung besonders groß ist. Dadurch würde er leistungsstarken Auszubildenden etwas bieten können, um sie zu gewinnen und zu halten. Mitarbeitern, die sich zur Führungskraft entwickeln wollen, böte er zudem eine gute Chance. Im flächenmäßig großen MKK gibt es keine allgemeine Hochschule. Daher ist Herr Muster sehr interessiert an der Kooperation, die das kommunale Bildungszentrum mit der privaten Provadis-Hochschule und anderen Hochschulen initiiert hat, um universitäre Fortbildungen und sogar einen Bachelor

29 Hüther/Werner, a.a.O., S. 325.
30 Meyer-Guckel/Schönfeld et al, Quartäre Bildung – Chancen der Hochschulen für die Weiterbildungsnachfrage von Unternehmen, 2008, S.64.
31 Becker, Bachelors machen mehr Arbeit, in: F.A.Z. „Beruf & Chance" vom 1. Oktober 2011.

Studiengang BWL in das Bildungshaus nach Gelnhausen zu holen. Er will sich dieser Initiative anschließen und ebenso wie die Agentur für Arbeit für dessen Ausbau eintreten – schließlich hilft das seinem Unternehmen, im Kampf um die besten Köpfe zu bestehen, und ist verhältnismäßiger als ein Studium in einem anderen Bundesland.

IX. Unterstützung durch frühkindliche Bildungsarbeit

Herr Muster möchte gerne mehr darüber erfahren, was das kommunale Bildungszentrum im Bereich der frühkindlichen Bildungsarbeit zur Unterstützung der Kinderbetreuungseinrichtungen macht. Denn jeder Euro, der in die Bildung von Anfang an investiert wird, legt den Grundstein für das weitere Lernen.[32] Und wenn es gelingt, schon hier das Interesse für die Naturwissenschaften zu legen, dann ist das nicht nur ein Beitrag zur Verbesserung der Bildungsinfrastruktur seiner Region, sondern eine Investition in den Chemie-Fachkräftenachwuchs von morgen.[33]

Die BiP hat ein PPP-System frühkindlicher Bildungsarbeit entwickelt, das die Staatssekretärin im Hessischen Sozialministerium bei einem Besuch 2011 als „konsequentesten Beitrag zur Umsetzung des Bildungs- und Erziehungsplans (BEP) in einem Landkreis Hessens“ bezeichnete und das regional gut übertragbar ist.

Um flächendeckend alle 184 Kitas im MKK mit Unterstützungsbausteinen zum BEP zu erreichen, führte die BiP mit ihrer vhs-Arbeit zunächst die Aktion „Kleine Chemiker im MKK“ durch. Vor Ort wurden je Einrichtung zwei Erzieherinnen im Umgang mit einfachen chemischen Experimenten geschult. Dann erhielt jede Kita ein Skript mit Versuchsanleitungen und eine Kiste mit Experimentiermaterial. Die Gemeinden stellten die Räume für die Schulungen zur Verfügung. Die Kosten für die externe Ausarbeitung des Skripts, die von der BiP zusammengestellten Kisten und die Schulungen übernahmen die Volks- und Raiffeisenbanken. Die Folgeaktion „Kleine Biologen im MKK“ verlief nach dem gleichen Muster. Der Unterschied: Es kam noch eine Clevershow für Kinder hinzu, und das Sponsoring übernahmen die Sparkassen.

32 Vgl. Korte, Wie Kinder heute lernen, 2010; Dräger, Dichter, Denker, Schulversager, 2011, S. 39ff.

33 Vgl. auch Bildungspolitische Positionen und Forderungen der Chemieorganisationen, 2011, S. 19f.

Für diese Aktion gab es sogar den „David" des Deutschen Sparkassen- und Giroverbandes und Platz 2 unter deutschlandweit 68 eingereichten Ideen. 2012 folgt die Aktion „Kleine Bücherwürmer im MKK" in Kooperation mit dem Börsenverein des Deutschen Buchhandels.

Ergänzend zu dieser BiP-eigenen Aktionsreihe hat die BiP bereits 2008 das Bundesprojekt „Haus der kleinen Forscher"[34] mit finanzieller Unterstützung der Kathinka-Platzhoff-Stiftung und der HessenChemie gestartet. Damit war der MKK damals sogar der erste Landkreis in Hessen, der dieses Projekt einführte. Mittlerweile sind 32 von 51 beteiligten Einrichtungen im Kreisgebiet zertifiziert. Alle diese 51 Leuchttürme in Sachen naturwissenschaftliche Frühförderung verpflichten sich, an regelmäßigen Schulungen teilzunehmen und ihre Umsetzung in den Kitas zu dokumentieren. 2011 fiel der Startschuss für Grundschulen, in deren Einzugsgebiet die Programm-Kitas liegen.

Hinzu kommen noch Aktionen wie die Teddybärenklinik, die bereits zweimal vom Fonds hessischer Arzneimittelfirmen und einmal von der Sparkasse gesponsert wurde. Diese und noch weitere PPP-Initiativen, die die öffentlich getragene BiP mit finanzieller Unterstützung von Unternehmen, Verbänden und Stiftungen realisierte, sind doch Beispiele, die auch andernorts umsetzbar sind, denkt sich Herr Muster und will versuchen, dafür bei landesweiten Unternehmertreffen zu werben.

Die verschiedenen Bildungsaktionen zur naturwissenschaftlichen Frühförderung der gemeinnützigen BiP konnte durch eine strategische Allianz mit der Kathinka-Platzhoff-Stiftung zunächst für Jahre 2011 bis einschließlich 2013 abgesichert und noch um Forschertage etc. ausgebaut werden. Die Unternehmensstiftung bringt eigene Projekte in die Allianz mit ein und stellt der BiP jährlich einen Betrag zur Verfügung, mit dem sie eine Diplom-Biologin zur Organisation und Durchführung anstellen kann. Die BiP bringt ihr Know-how, die Büroinfrastruktur und ihren guten Zugang zu den Kinderbetreuungseinrichtungen und Schulen für die nun gemeinsame Initiative „Junge Entdecker Main-Kinzig"[35] ein. Davon profitieren Bildungseinrichtungen, Kinder, Eltern und Pädagogen im MKK.

34 Vgl. haus-der-kleinen-forscher.de (übrigens ein sehr erfolgreiches bundesweites PPP-Projekt).
35 Vgl. junge-entdecker.de.

Die in diesem Abschnitt geschilderten frühkindlichen PPP-Aktionen konnten nur durch die finanzielle Unterstützung der Wirtschaft realisiert werden, die auf gute Ideen und die Umsetzungsstärke eines öffentlich getragen Bildungsträgers stießen. Rund 175.000 Euro umfasst das dabei privat getragene Fördervolumen, das die BiP alleine für diesen Bereich in der Wirtschaft eingeworben hat.

C. Fazit: Ein Leuchtturm, gebaut durch hessische Unternehmer

Den hier geschilderten Beispielen ließen sich noch viele weitere Ideen und Best-Practice-Projekte anfügen. An Konzepten mangelt es also nicht, wenn man Bildungsprojekte in PPP-Modellen (beispielsweise zum Umgang mit dem demografischen Wandel) aufgreifen will. Oft ist es sogar die Vielzahl, die einen erschlägt. Daher wäre ein weiterer Vorschlag die Einrichtung eines Internetportals, auf dem interessierten Bildungseinrichtungen und anderen gesellschaftlichen Akteuren nutzbare oder anschlussfähige Best-Practice-Bildungsprojekte nach einem standardisierten Schema und qualitativ geprüft vorgestellt werden. Das würde nicht nur dem Erfahrungsaustausch dienen und den Projekten helfen, sondern auch vermeiden, dass nicht alles wieder neu erfunden werden muss, nur weil „A“ von „B“ nicht weiß.

Insgesamt müssen wir darauf hinwirken, dass das Geld, das für die Förderung von Bildung (außerhalb des formalen Systems) vorhanden ist, besser eingesetzt wird. Der Maßnahmen- und Förderdschungel ist zu lichten, Programme der Ministerien, des Bundes, der Länder und der Kreise sind noch besser aufeinander abzustimmen und zu priorisieren.[36] Die derzeitige Praxis führt allzu oft zum berühmten „Tropfen auf den heißen Stein“-Effekt, ist von Zufälligkeit geprägt und schafft Förderleichen, die nach Auslaufen der Förderung vor sich hindümpeln, während parallel schon das nächste Programm ausgerufen wird. Lieber etwas weniger vornehmen, dies aber dann richtig und mit Ausdauer machen, denk sich auch Herr Muster – zu Recht.

36 Die Bilanz der Arbeit dieser temporären Förderprogramme (zum Beispiel „Lernende Region“, „Lernen vor Ort“ und „Hessencampus“ mit zusammen 209.000.000 Euro) muss jeder Betrachter in seiner Region beurteilen. Hinzu kommen zahlreiche millionenschwere Programme, die monothematisch ausgerichtet sind. Es gibt positive Einzelbeispiele, meines Erachtens ist jedoch der Aufwand und Nutzen allzu oft eher fragwürdig.

Die Wirtschaft kann hier einen entscheidenden Beitrag leisten: zum einen indem sie auf eine Optimierung der Projekt- und Bildungssteuerung der öffentlichen Hand einwirkt (Benchmarking, Vernetzung bis hin zu Fusionen, Wirksamkeit, Nachhaltigkeit), zum anderen, indem sie versucht die eigenen Sponsoring- und Bildungsaktivitäten von kleinen und großen Unternehmen, Verbänden und Kammern zu koordinieren, ohne dass dabei die Würdigung und der Einfluss des jeweiligen Geldgebers bei den Projekten entfällt. Auch hier gibt es bereits vielversprechende erste Ansätze der Wirtschaft, die es zu bündeln, inhaltlich weiterzuentwickeln und um die regionalen Komponenten zu erweitern gilt.

Warum also nicht gleich eine institutionalisierte Bildungsinitiative oder gleich eine Bildungsstiftung hessischer Unternehmer *auf Landesebene* gründen? Das Ziel: demografieorientierte Bildungsansätze wie in diesem Beitrag beschrieben, regional zwischen Unternehmen und öffentlichem Sektor mit einer einheitlichen inhaltlichen Zielsetzung umsetzen. Regional treten dabei die Unternehmen vor Ort in Erscheinung. Landesweit die hinter der Landesinitiative versammelten Einrichtungen. In Absprache mit dem Land könnten hier auch Landesmittel für diese flächendeckend vorhandenen Projekte komplementär eingesetzt werden. So hat medial jeder etwas davon, ohne dass jeder selbst etwas Neues machen muss und das lebenslange Lernen insgesamt gewinnt durch die entstehenden Allianzen.

Das Leuchtfeuer Bildung hätte damit einen guten Leuchtturm, in dem es in das Land hineinstrahlen und Orientierung im Demografienebel bieten kann.

Unternehmensnetzwerk „Erfolgsfaktor Familie“

Das Unternehmensnetzwerk „Erfolgsfaktor Familie“ ist eine gemeinsame Initiative des Bundesfamilienministeriums und des Deutschen Industrie- und Handelskammertages.

Es versteht sich als Plattform für Unternehmen, die sich für familienbewusste Personalpolitik interessieren oder bereits engagieren.

Ziel des Netzwerks ist es, eine möglichst große Zahl von Unternehmen für die Notwendigkeit und den Nutzen einer besseren Vereinbarkeit von Beruf und Familie zu sensibilisieren und für das Netzwerk zu gewinnen. Familienfreundlichkeit soll zum Markenzeichen der deutschen Wirtschaft werden.

Dazu rückt das Netzwerk das Engagement und die Erfahrung familienfreundlicher Unternehmen in das öffentliche Blickfeld und will andere dazu motivieren, Ideen und Maßnahmen für eine bessere Vereinbarkeit von Beruf und Familie im betrieblichen Alltag umzusetzen. Die Mitgliedschaft ist kostenlos. Mit ihr können Unternehmen ein sichtbares Zeichen dafür setzen, sich mit dem Thema Vereinbarkeit von Beruf und Familie auseinanderzusetzen.

www.erfolgsfaktor-familie.de

Demografischer Wandel in Kommunen und Public-Private-Partnership (PPP)

Der demografische Wandel beschäftigt mittlerweile auch Kommunen und kommunalen Akteuren wird bewusst, wie positiv sich hier die Bündelung von Kräften auswirken kann.

Synergieeffekte für Kommunen und Unternehmen

Bei der Gestaltung des demografischen Wandels gibt es gemeinsame Ziele wie zum Beispiel:

- Kommunale/regionale Akteure sensibilisieren, motivieren und vernetzen.
- Aktuelle und künftige Herausforderungen und Chancen der Region transparent machen.
- Gemeinsam kommunale/regionale Herausforderungen, Ziele und Maßnahmenpläne entwickeln, kommunizieren und umsetzen.
- Jugendliche und Arbeitnehmer bedarfsgerecht qualifizieren.
- Frauenerwerbsquote steigern, qualifizierte Arbeitskräfte akquirieren, Employability älterer Arbeitnehmer sichern.
- Abwanderung qualifizierter Jugendlicher stoppen.

Letztlich soll damit die kommunale Lebensqualität gesichert und so die Region attraktiver für die Gewinnung von Fachkräften werden.

Maßnahmen

Die Bertelsmann Stiftung bietet Workshops für Kommunen an, die diese Ziele verfolgen. Im Rahmen von PPP-Projekten können Unternehmen und Kommunen Demografieworkshops durchführen, in denen Themen wie zum Beispiel lebenslanges Lernen, regionale Bildungslandschaften, regionales Übergangsmanagement von der Schule zum Beruf, Gesundheitsförderung, soziale Infrastruktur etc. herausgearbeitet werden.

Konkret könnten sich dadurch zum Beispiel durch bessere Kinderbetreuungsmöglichkeiten die Arbeitsumstände für Frauen verbessern. Durch Angebote zur Gesundheitsförderung und Weiterbildung werden ältere Arbeitnehmer unterstützt.

Kommunen und Unternehmen, die hier frühzeitig starten, haben deutliche Wettbewerbsvorteile bei der Sicherung qualifizierter Fachkräfte.

www.workshops-fuer-kommunen.de
www.wegweiser-kommune.de
www.demographiekonkret.de

Personelle Vielfalt

In der Max Muster GmbH gab es eine Stelle zu besetzen. Die eingegangenen Bewerbungen wurden ausgewertet, und die Person, die im Auswahlverfahren die beste Leistung gezeigt hatte, bekam den Job. Zum ersten Mal war das in unserem Unternehmen eine Frau – obwohl der Produktionsleiter Bedenken hatte, die Ingenieurin im männerdominierten Servicebereich zur Betreuung von Großkunden einzusetzen. Wir müssen nun zugeben, dass sich mit der Zeit die Probleme häuften. Irgendwie kam die neue Mitarbeiterin mit den Kollegen nicht klar, vielleicht fehlte es ihr an Durchsetzungsvermögen. Auf jeden Fall hat sie uns ziemlich abrupt verlassen, ohne dass wir wüssten, was genau schief gelaufen war. Wir haben die Stelle nun neu besetzt – mit einem Mann.

Diversity Management – Vielfalt wirtschaftlich nutzen

Hans W. Jablonski

A. Was ist Diversity Management?

Diversity Management ist das Management der Vielfalt. In Bezug auf Wirtschaftsunternehmen beschäftigt es sich in erster Linie mit der Zusammensetzung der Belegschaft. Der Grundgedanke ist, dass ein Unternehmen, das die gesellschaftliche Vielfalt in der Belegschaft repräsentiert, auch die Chance hat, auf Märkten erfolgreich zu sein, die im Um- oder Aufbruch begriffen sind, dort die Kundschaft besser zu erreichen und vor allem ein attraktiver Arbeitgeber für vielseitige, auch internationale Talente zu sein.

Diversity Management wird in manchen Fällen fälschlicherweise als Instrument zur Herstellung von mehr Gerechtigkeit und für den Schutz von Minderheiten in Unternehmen verstanden. Das Management der Vielfalt folgt jedoch keiner Sozialromantik und ist kein Motivationsprogramm. Zahlreiche Unternehmen aller Größen haben die Vielfalt als wirtschaftlichen Erfolgsfaktor bereits entdeckt und praktizieren ihre systematische Umsetzung.[1]

B. Neuen Herausforderungen mit Diversity Management begegnen

Die Zukunft zeichnet sich bereits am Horizont ab. Aus den Faktoren, die in den kommenden Jahren sowohl in der Belegschaft als auch im Geschäftsfeld von Unternehmen Veränderungen hervorrufen werden,

1 Bereits 2006 schlossen sich BP Europe SE, Daimler, Deutsche Bank und Deutsche Telekom zusammen und initiierten die „Charta der Vielfalt e.V." in Deutschland. Der Verein setzt sich für die Verankerung von Vielfalt in Wirtschaft und Gesellschaft ein. Er möchte dabei über Diversity Management als Instrument zur Entwicklung einer wertschätzenden und offenen Organisationskultur informieren und die bestehenden Unterzeichnerorganisationen bei der Umsetzung unterstützen. Bis heute haben bundesweit mehr als 1.100 Unternehmen und öffentliche Einrichtungen unterzeichnet.

ergeben sich neue Herausforderungen. So wird zum Beispiel bei genauerer Betrachtung der demografischen Daten und künftigen Erfolgsfaktoren im internationalen Wettbewerb der Bedarf an Diversity Management in Europa und insbesondere in Deutschland deutlich: Die Bevölkerung wird älter und nimmt zahlenmäßig ab. Weiterhin wird die Ungleichverteilung von Männern und Frauen auch auf den höheren Unternehmensebenen zunehmend in Frage gestellt. Und schließlich verfügen immer mehr Menschen, die in Unternehmen zusammenarbeiten, über unterschiedliche kulturelle Wurzeln.

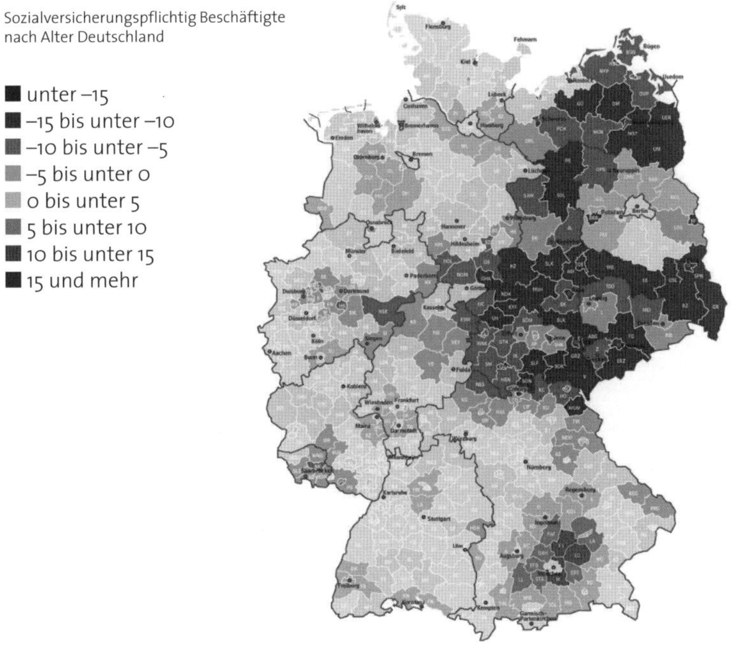

Abbildung 1: Prognostizierte Bevölkerungsentwicklung 2008 bis 2025 in Prozent (Quelle: Berlin Institut für Bevölkerung & Entwicklung „Die demografische Lage der Nation“ 2011).

Diese Entwicklung lässt sich nicht nur in Deutschland beobachten, bei den europäischen Nachbarn verläuft sie ähnlich. Allerdings sind die Daten der demografischen Veränderung – insbesondere Alterung und Schrumpfung der Bevölkerung – in anderen Ländern nicht so drastisch wie hierzulande. Experten gehen davon aus, dass sich der Anteil der

Erwerbsbevölkerung in Deutschland bis 2020 um etwa 3,1 Millionen Personen beziehungsweise um 7 Prozent reduzieren wird. Der Anteil der Menschen über 60 Jahren wird sich gleichzeitig bis 2030 auf fast 30 Prozent erhöhen. In anderen Ländern Europas sind diese Zahlen moderater. Eine Ausnahme bildet Italien, wo ähnliche Entwicklungen zu erwarten sind.

Für Unternehmen, die stark in der Region verwurzelt sind, ist auch die demografische Entwicklung vor Ort von großem Interesse. Das gilt vor allem, wenn das Personal vornehmlich aus dem regionalen Umfeld des Unternehmens rekrutiert wird und wenn der Schwerpunkt der Absatzmärkte regional geprägt ist.

I. Geschlechtervielfalt: Männer & Frauen (Gender)

Die beschriebene Entwicklung des Bevölkerungsrückgangs erfordert eine eingehende Betrachtung des zukünftigen Arbeitsmarktes. Wurden bisher vermehrt Männer in den Unternehmen rekrutiert und befördert, rückt der Fokus zunehmend auf Frauen, die zwar auch in der Vergangenheit gut ausgebildet waren, aber aufgrund unterschiedlicher Umstände nicht bis in die höheren Führungspositionen vordringen konnten. Diversity Management zielt in seinen ersten Schritten darauf ab, die bestehende Repräsentation der Geschlechter auf allen Unternehmensebenen zu erfassen. Bei dieser Analyse tritt häufig das Phänomen der „gläsernen Decke“ zu Tage. Diese beschreibt die Ebene im Unternehmen, ab der der Anteil von Frauen signifikant abnimmt, während in den darunter liegenden Ebenen eine relative hohe Repräsentanz zu verzeichnen ist.

Als Gründe für diese Blockade wurden in diversen Untersuchungen, Umfragen und Fokus-Gruppen neben der *Work-Life-Balance*, also der Berücksichtigung einer Flexibilität hinsichtlich Arbeitszeit und Arbeitsumständen, vor allem ein männlich dominiertes Arbeitsumfeld mit männlich geprägten Verhaltensweisen identifiziert. Das bedeutet, dass ein Betriebskindergarten oder eine Flexibilisierung der Arbeitszeiten allein nicht die einzigen Faktoren sind, um Frauen nachhaltig für die Mitarbeit im Unternehmen auf allen Ebenen zu motivieren und zu begeistern.

Immer häufiger bessern Unternehmen in dieser Beziehung nach. Denn die Gruppe der Frauen wird heute einerseits als „Beschäftigungsressource“ gesehen – was allein zu kurz greift –, andererseits aber auch als Erfolgsfaktor für die Zukunft. Studien zeigen, dass die Kompetenzen, die Unternehmen brauchen, um auch künftig erfolgreich zu bleiben, eher weiblicher Art sind.[2] Als männliche Führungseigenschaften gelten Durchsetzungsfähigkeit, Entschlusskraft, Risikobereitschaft und Zielorientierung. Weibliche Stärken liegen demnach eher in den Bereichen Team- und Motivationsfähigkeit, der Empathie sowie der Prozessorientierung. So werden Frauen der Statistik nach mehr empathische Fähigkeiten zugeschrieben als Männern. Jene können sich dafür besser präsentieren und auftreten. Gibt es in einem Unternehmen nur männliche Führungskräfte, kann der Führungsstil sehr einseitig sein. Darüber hinaus belegen Studien, dass Unternehmen in der Regel dann einen höheren finanziellen Erfolg (ROI – Return on Investment) erreichen können, wenn Frauen und Männer gleichermaßen auf allen Ebenen des Unternehmens vertreten sind. Ebenso zeigt sich, dass gemischte Teams die Innovations- und Problemlösungsfähigkeit eines Unternehmens steigern können.[3]

Diversity Management bemüht sich, ein Mosaik von Menschen zu kreieren, das unterschiedliche Berufs- und Lebenserfahrung, Sichtweisen, Werte und Weltanschauungen vereint. Durch die Schaffung einer geschlechtsspezifischen Vielfalt lassen sich unterschiedliche Stärken optimal nutzen. So wird gegenseitige Wertschätzung gefördert, Toleranz und Offenheit nehmen zu, und nicht zuletzt steigen im Zuge dessen auch Arbeitszufriedenheit und Motivation. Unabhängig von den wirtschaftlichen Gründen sei darauf hingewiesen, dass viele Unternehmen die Chancengleichheit der Geschlechter als zusätzlichen Grund nennen, weshalb sie diesem Faktor besondere Aufmerksamkeit schenken. Kurzum: Geschlechtergemischte Teams sind auf allen Ebenen des Unternehmens ein Erfolgsfaktor.

Was bedeutet das für künftige Strategien? Ihr Ziel sollte sein, ein Betriebsklima zu kultivieren, in dem sich Frauen wie Männer gleichsam motiviert fühlen, ihren Beitrag zu leisten. Mitarbeiterinnen, die in Führungspositionen häufig in der Minderheit sind, haben damit zu kämpfen, unbewusst ausgegrenzt oder auf besondere Art behandelt zu werden. Dieses Phänomen lässt sich bei allen Minderheiten feststellen, die nicht mehr als 30 Prozent einer Gruppe repräsentieren. Bei einer höheren Repräsentation lässt dieser Effekt nach. Viele Unternehmen initiieren daher Programme zur Unterstützung von Frauen, damit sie

2 Vgl. McKinsey, Women Matter.
3 Vgl. Catalyst, Why Diversity Matters und McKinsey: Women Matter 3.

in einem männlich dominierten Umfeld bestehen und leistungsfähig bleiben, ohne vom Minderheiteneffekt doppelt belastet zu werden. Aber auch in der dominierenden Männergruppe wird darauf hingewirkt, ein Bewusstsein für das Selbstverständnis der Mehrheit zu entwickeln und Kompetenz im Umgang mit Minderheiten zu entwickeln. Probate Mittel sind unter anderem Mentoring-Programme oder spezielle Trainings und Workshops. Werden diese Maßnahmen nicht ergriffen, ist die Wahrscheinlichkeit hoch, dass Frauen, die sich in einem männlich dominierten Arbeitsumfeld als Minderheit behaupten müssen, entweder zu einem Arbeitgeber wechseln, wo ein besseres Betriebsklima herrscht, oder in ihrer weiteren Karriereplanung andere Schwerpunkte setzen.

II. Generationen

Das demografische Szenario ist schon lange bekannt: Während die Vereinten Nationen für die Weltbevölkerung bis 2050 ein Wachstum von mehr als einem Viertel prognostizierten, erwarten sie für die erweiterte Europäische Union einen Bevölkerungsrückgang. Allmählich ist zu fassen, was diese Zahlen bedeuten. Eine Umfrage für die Bertelsmann-Stiftung zeigte, dass sich zwei Drittel der Bundesbürger des demografischen Alterungs- und Schrumpfungsprozesses bewusst sind. Der Wandel bedeutet eine enorme Herausforderung für die Sozialsysteme, für die gesamte Infrastruktur und vor allem für die Wirtschaft. Auf dem Arbeitsmarkt stehen ihr immer weniger Talente zur Verfügung, die immer stärker umworben werden.

Unternehmen positionieren sich strategisch auf dem Arbeitsmarkt, um die Talente für die Mitarbeit zu begeistern. Bereits früh, oft schon in der Ausbildung, werden potenzielle Kandidatinnen und Kandidaten von den Unternehmen adressiert. Arbeitgeber präsentieren sich geschickt – unter anderem in *social networks* –, um erste Kontakte aufzubauen und sich für eine spätere Bewerbung oder Beschäftigung als attraktiver Arbeitgeber vorzustellen. Das kann jedoch nur der erste Schritt sein. Wenn ein großer Aufwand für Werbung und erfolgreiche Rekrutierung betrieben worden ist, entscheidet eine weiterführende Strategie, wie nachhaltig diese Investitionen sind. Dann entscheidet sich, ob sich ein Talent langfristig an ein Unternehmen binden lässt. Studien zeigen, dass der Umgang unterschiedlicher Generationen miteinander der Schlüssel für eine erfolgreiche Zusammenarbeit und die Motivation der Mitarbeiter ist. Doch bis diese harmonieren, sind bestimmte Hürden zu nehmen.

Experten fassen Arbeitnehmer unterschiedlicher Jahrgänge in Gruppen zusammen. Die Generation Y ist zwischen 1979 und 1999 geboren, gilt als sehr ich-bezogen, technikaffin und versteht sich erfahrungsgemäß weniger gut mit den *Babyboomern*. Die wurden zwischen 1946 und 1964 geboren, gelten als liberal und erfolgreich und streben laut Studien eher eine Entschleunigung der Arbeit an, die sie nur ungern von Zuhause aus oder über das Dienst-Smartphone erledigen. Zwischen ihnen steht als dritte Komponente die Generation X, die zwischen 1965 und 1978 geboren ist und gemeinhin als sehr ehrgeizig, ambitioniert und individualistisch gilt. Aus dieser Gemengelage ergeben sich eine Reihe Reibungspunkte. Sie reichen von der Arbeitsmoral und den Einstellungen zur *Work-Life-Balance* über ein unterschiedliches Technologieverständnis bis hin zu konträren Standpunkten, die eine Entscheidungsfindung erschweren.[4]

Für ein besseres Auskommen und eine gesteigerte Produktivität reicht es nicht, das Verständnis und den Zusammenhalt im Team durch gemeinsame Ausflüge zu stärken. Wichtig ist außerdem, die spezifischen Eigen- und Besonderheiten der einzelnen Generationen zu nutzen – zum Beispiel die Technikbegeisterung der *Ypsiloner*, den Ehrgeiz der *Generation X* oder die Gelassenheit der *Babyboomer*. Eine Basis schaffen Gespräche, in denen die Mitarbeiter gemeinsam Systeme entwickeln, die den jeweiligen Wünschen und Bedürfnissen entgegenkommen. Arbeiten vermeintlich widersprüchliche Kräfte von Jung und Alt miteinander, wirkt sich das nachhaltig positiv auf den Unternehmenserfolg aus.

Wenn es um die Ausrichtung der Unternehmensstrategie geht, ist die generationenübergreifende Kommunikation nicht nur hinsichtlich der Belegschaft ein zentrales Thema. Der demografische Wandel macht auch vor der Kundschaft nicht halt: Die Anforderungen der jüngeren unterscheiden sich stark von denen älterer Konsumenten. Letztere gelten als kaufkräftiger und sind vor allem für die Branchen interessant, deren Produkte die späteren Lebensphasen unterstützen. Diversity Ma-

4 Eine Umfrage von Robert Half International, an der 2.400 Personal- und Finanzmanager aus der Schweiz, Österreich und Deutschland teilnahmen, bestätigte, dass in einem Team Schwierigkeiten auftreten, sobald drei Generationen darin zusammenkommen. Den Ausschlag gaben vor allem die altersbedingt unterschiedlichen Bedürfnisse der Arbeitnehmer sowie ihre Arbeitsmoral. Ein weiteres Merkmal war eine mangelhafte Kommunikation zwischen den Generationen. Andere Studien benennen ähnliche Herausforderungen für die intergenerative Zusammenarbeit.

nagement analysiert die Altersstruktur in Unternehmen von der quantitativen Seite – also hinsichtlich darauf, in welchen Größen die Belegschaft von den Präferenzen der *Generationen X und Y* oder durch die *Boomer* dominiert wird. Wie in der Gesamtbevölkerung (siehe Abbildung 2) verschiebt sich die Altersstruktur auch in vielen Unternehmen. Die kleineren Gruppen junger und nachrückender Arbeitnehmer empfinden das quantitative Übergewicht der älteren Kollegen häufig als dominant und hemmend – zum Nachteil der gesamten Belegschaft.

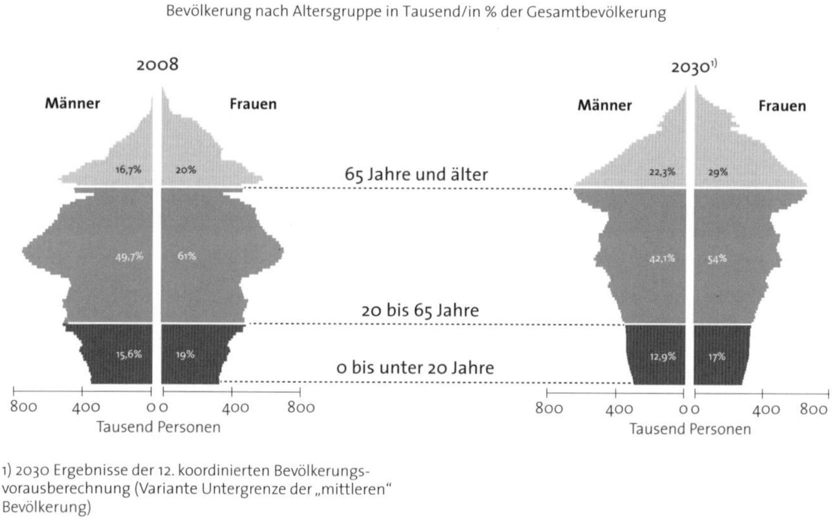

Abbildung 2: Altersaufbau der Bevölkerung in Deutschland (Quelle: Statistische Ämter des Bundes und der Länder, Demografischer Wandel, Heft 1, 2011).

Hinsichtlich der qualitativen Seite wird untersucht, wie motiviert und engagiert sich die jeweilige Generation im Unternehmen einbringt. Vor allem von der *Generation Y* wurde festgestellt, dass Unternehmen mit großen Strukturen und langen Entscheidungswegen nicht als „cool" gelten, sondern eher als schwerfällig und von einer entsprechenden Kultur dominiert wahrgenommen werden. Angehörige der *Generation Y* sind bei der Wahl ihres Arbeitgebers wählerisch und ziehen Konsequenzen. Von daher reichen eine aufgehübschte Fassade und ein „cooler" Auftritt in den *social networks* allein nicht aus. Es bedarf einer gelebten offenen Unternehmenskultur, in der Führungskräfte in intergenerativen Teams Motivation und Begeisterung entwickeln. Ihr persönliches Engagement ist der Schlüssel zum erfolgreichen Gelingen des Diversity Managements.

III. Interkulturalität & Migration

Nicht nur die Generationenvielfalt mit den unterschiedlichen Werten macht den Unterschied, auch die kulturellen Hintergründe der jüngeren Generation bedeuten für Unternehmen häufig eine Herausforderung. So wird sich der Anteil von Menschen mit einem Migrationshintergrund weiter verschieben. Er beträgt in Deutschland knapp 20 Prozent – und die Tendenz ist steigend. (Siehe Abbildung 3) Hinzu kommt die Einwanderung von Fachkräften („BlueCard"), die in vielen Berechnungen noch nicht berücksichtig wurden. Die Bundesregierung arbeitet verstärkt daran, Fachkräfte über diesen Weg aus dem nicht-europäischen Ausland nach Deutschland zu führen. Sie rechnet dabei vorerst mit 3.500 Arbeitserlaubnissen – auch hier ist die Tendenz steigend. Nicht nur Großunternehmen, sondern auch mittelständische und sogar kleinere Unternehmen müssen in Zukunft bei der Suche nach Fachkräften ebenso Potenziale aus Nicht-EU Ländern berücksichtigen.

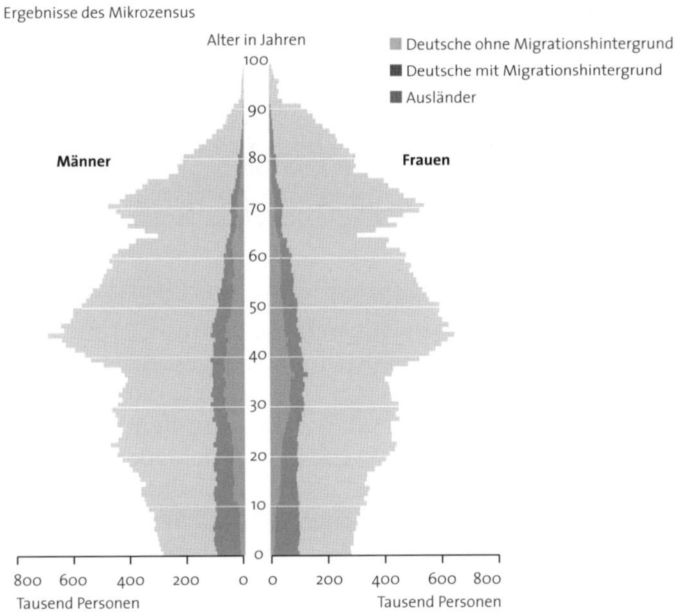

Abbildung 3: Alterspyramide nach Migrationshintergrund (Quelle: Statistisches Bundesamt, Bevölkerung und Erwerbstätigkeit 2010).

Eine Offenheit gegenüber Einwanderung und unterschiedlichen kulturellen Wurzeln ist die Voraussetzung für die Verfügbarkeit von Talenten in der Zukunft. Eine Studie von Richard Florida[5] zeigt, dass drei zentrale Faktoren eine Region für Spitzenleute attraktiv machen: Talent, Technologie und Toleranz. Sind diese Bedingungen nicht ausgeprägt, bedeutet dies nicht nur den Verlust von Fachkräften, sondern ebenso den Nicht-Erfolg der Region. Für Deutschland bedeutet dies eine Herausforderung, bei der aus Sicht junger Fachkräfte zwei Punkte von überragender Bedeutung sind. Ein Aspekt ist die Sprachbarriere. Eine ausländische Fachkraft wird in der Regel ein Unternehmen bevorzugen, in dem sie auf Englisch mit den Kolleginnen und Kollegen kommunizieren kann. Zweitens ist für diese Fachkraft der Eindruck wichtig, in dem jeweiligen Gastland willkommen zu sein und in ihrer Eigenart respektiert zu werden. Fremdenfeindlichkeit und Intoleranz wirken abschreckend. Sie haben verheerende Folgen für das Image des Wirtschaftsstandorts Deutschland und damit für jedes einzelne Unternehmen. Diversity Management bietet sich als ein Instrument an, Offenheit und Wertschätzung von kultureller Vielfalt in der Unternehmenskultur zu verankern und dauerhaft zu pflegen.

Zu beobachten ist eine Zurückhaltung von Fachkräften mit Migrationshintergrund, die in Deutschland akademisch ausgebildet wurden. So wurden 2010 über 40.000 mehrheitlich akademisch ausgebildete, türkischstämmige Menschen gezählt, die lieber in der Heimat der Eltern eine Anstellung suchten als in Deutschland. Solche Tendenzen stellen hier angesiedelte Unternehmen vor die Herausforderung, kulturelle Unterschiede in ihrer Unternehmenskultur stärker zu berücksichtigen. Definiert sich diese ausschließlich über deutsche Traditionen, bleibt sie Talenten mit unterschiedlichen kulturellen Hintergründen nicht nur fremd, sondern auch verschlossen. Sie lassen sich unter diesen Umständen nur schwer begeistern und langfristig motivieren.

Unternehmen umwerben Talente daher in den jeweiligen internationalen Communities durch Anzeigen in den spezifischen Medien und präsentieren sich weltoffen sowie aufgeschlossen. Diese Offenheit setzt sich innerhalb des Unternehmens nicht nur in einem adäquaten Speisenangebot der Kantine fort. Vielmehr prägt der partnerschaftliche Umgang, der frei von Stereotypen und Bedenken beziehungsweise der Ablehnung von Fremdem ist. Auf diese Weise konnte beispielsweise ein mittelständisches Unternehmen in einer ländlich geprägten Re-

5 Richard Florida, Rise Of The Creative Class.

gion auch Top-Ingenieure, IT-Experten und Manager mit unterschiedlicher kultureller Herkunft dauerhaft für die Mitarbeit begeistern. Als Key-Account für die ausländischen Geschäftsbereiche sind die interkulturellen Talente eine wirkliche Bereicherung für den Erfolg im Ausland und den Umgang miteinander. Menschen mit interkulturellen Wurzeln werden als Potenzial geschätzt und berichten über die Anerkennung ihrer Leistung sowie die Möglichkeit, eigene Perspektiven zum Nutzen des Unternehmens einzubringen.

Auch im Hinblick auf die Diversity-Dimension von Interkulturalität und Migration geht es nicht nur um die eigene Belegschaft, sondern ebenso um die Kundschaft – vor allem im internationalen und im B2C-Geschäft, also an der Schnittstelle von Betrieb und Konsumenten. Entsprechend ihres steigenden Anteils in der Gesamtbevölkerung wächst die Kaufkraft der interkulturellen Gruppen. Auch hier eröffnen sich Unternehmen neue Möglichkeiten und Chancen.

IV. Weitere Diversity-Dimensionen

Als die Kerndimensionen des Diversity Managements gelten die Bereiche Geschlecht, Alter, Migration/Ethnizität/Nationalität, Religion, sexuelle Orientierung und Identität sowie Behinderung. Je nach geschäftlicher Strategie des Unternehmens werden auch weitere Dimensionen in die Betrachtung einbezogen. Dazu zählen unter anderem der Familienstatus, die Berufserfahrung, der Ausbildungsstand sowie der Standort und die Betriebszugehörigkeit. Die drei erstgenannten Dimensionen Geschlecht, Alter und Interkulturalität sind diejenigen, die Unternehmen am häufigsten mit speziellen Programmen forcieren und begleiten. In ihrer Definition von Diversity sind bei den meisten Unternehmen, die ein professionelles Diversity Management betreiben, alle Kerndimensionen aufgeführt. Das dient letztendlich dazu, eine Unternehmenskultur zu kreieren, von der sich auch die unterschiedlichsten Menschen angesprochen und motiviert fühlen, ihren persönlichen Beitrag für den wirtschaftlichen Erfolg des Unternehmens zu leisten – unabhängig davon, ob und wie sie sich von der Mehrheit unterscheiden.

So hat zum Beispiel ein Unternehmen der Pharmabranche die Dimension „Behinderung“ als einen Schwerpunkt behandelt, weil diese ein Schlüsselthema des Geschäftes darstellt. In einem anderen Fall hat ein Unternehmen Aktivitäten zur Integration unterschiedlicher Unternehmenskulturen entwickelt. Vorausgegangen war der Zukauf von zwei Standorten, aus dem sich jedoch eher ein vertracktes „Gegeneinander“

und nicht die erhofften Synergieeffekte sowie ein gegenseitiger Austausch von Know-how und Erfahrungen ergeben hatten. Die Beispiele zeigen, dass es individuell vom jeweiligen Unternehmen abhängt, welche Diversity-Dimensionen für das Geschäft die Schwerpunkte darstellen und wo es sich lohnt, Aktivitäten zu entwickeln – basierend auf einem breiten Diversity Ansatz.

C. Diversity als Management Ansatz und Praktische Umsetzung

In welchen Bereichen bei einem Unternehmen Handlungsbedarf besteht, ermittelt Diversity Management in einer umfassenden Analyse. Auf der Grundlage dieser Ergebnisse lassen sich Maßnahmen entwickeln und zielgerichtet einsetzen. Grundsätzlich gilt, dass Diversity Management sich an der jeweiligen Geschäftsstrategie ausrichtet und auf eine Optimierung von Personalprozessen sowie auf die Pflege einer zukunftsweisenden Unternehmenskultur abzielt.

Eine reine zahlenmäßige Betrachtung – zum Beispiel unter dem Aspekt des Frauenanteils in Führungspositionen – reicht für ein erfolgreiches Diversity Management nicht aus. Diversity ist kein Projekt, das sich in ein oder zwei Jahren abarbeiten lässt. Vielmehr ist es als Instrument zu verstehen, das eine nachhaltige Verbesserung von Strukturen und Prozessen zum Ziel hat und die Etablierung einer Unternehmenskultur verfolgt, die auf einem wertschätzenden Umgang miteinander basiert.

Zur praktischen Umsetzung wird ein Programm in fünf pragmatischen Schritten empfohlen.[6] Der erste Schritt zur Etablierung eines effizienten Diversity Managements besteht aus der Definition von Zielen. Zentral ist dabei die Fragestellung, wie eine Organisation oder ein Unternehmen von der neu ausgerichteten Managementstrategie profitieren kann. In diesem Zusammenhang wird analysiert, in welchen Bereichen – etwa im Hinblick auf die Kundschaft, auf Lieferanten, Geschäftspartner oder die eigene Belegschaft – eine optimale Nutzung der Vielfalt zum Geschäftserfolg beitragen kann. Das Ergebnis liefert Ansatzpunkte, wie sich Diversity Management konkret umsetzen lässt.

6 Eine ausführliche Beschreibung zur Umsetzung von Diversity Management in KMU (und Großunternehmen) findet sich in mehreren Publikationen der Charta der Vielfalt: http://www.charta-der-vielfalt.de/de/diversity/diversity-management/kmu.html.

In einem zweiten Schritt wird der Ist-Zustand ermittelt und genau erfasst, wie sich in der jeweiligen Organisation die Ausgangssituation für Diversity Management gestaltet. In diesem Zusammenhang kommt es darauf an, die exakte Zusammensetzung von Belegschaft, Kundschaft und Lieferanten zu ermitteln. Ebenso werden bereits vorhandene Diversity-Maßnahmen identifiziert und zusammengetragen – schließlich betreiben viele Organisationen bereits entsprechende Maßnahmen, ohne sich dessen bewusst zu sein.

Sind die einleitenden Analysen abgeschlossen, geht es an die Planung der Umsetzung – das bedeutet, um die Frage, wie sich Diversity in dem jeweiligen Fall optimal einführen lässt. Bei einer Gegenüberstellung von aktueller und angestrebter Situation lassen sich eventuelle Lücken konkret benennen. Ein Gesamtplan fasst zusammen, welche Ziele sich in welchem Zeitraum erreichen lassen. Dafür geeignete Maßnahmen werden gesammelt und unter anderem hinsichtlich ihrer Opportunitäts- und Umsetzungskosten sowie der Wirkung und Risiken bewertet.

Der vierte Schritt sieht die praktische Einführung vor. Nach Vorgabe des Umsetzungsplans wird für jede einzelne Maßnahme ein eindeutiger Zeitplan entworfen. Entscheidend für den Erfolg ist eine begleitende, organisationsweite Kommunikation der angestrebten Ziele und ihrer Realisierung. In der abschließenden fünften Phase geht es darum, den Effekt der durchgeführten Maßnahmen zu bewerten. Je nach nachweisbarer Wirkung mündet das Resümee in der Entscheidung, die erfolgten Maßnahmen auszubauen, zu variieren oder vielleicht sogar einzustellen.

Die Voraussetzung für den Erfolg des gesamten Vorhabens ist, dass die Geschäftsleitung und die Top-Manager hinter dieser Entwicklung stehen und diese nicht nur glaubwürdig vertreten, sondern auch entsprechend vorleben. Ein nach innen und außen spürbares und sichtbares Verhalten ist der Erfolgsfaktor. Fehlt dies, bleiben die guten Vorsätze reine Lippenbekenntnisse, und die Umsetzung der gesetzten Ziele ist mehr als ungewiss.

D. Fazit und Ausblick

Diversity Management etabliert sich zusehends als Unternehmensstrategie, mit der sich zukünftige Herausforderungen nicht nur bewältigen, sondern auch als Chance wirtschaftlich nutzen lassen. Wie dieses Instrument erfolgreich von Unternehmen unterschiedlicher Branchen und Größen eingesetzt wird, zeigen die Beispiele jener Betriebe und Konzerne, die der „Charta der Vielfalt" beigetreten sind. Mittlerweile sind es mehr als 1.000 Unternehmen und Organisationen, die sich aus eigener Überzeugung zu Vielfalt sowie Chancengleichheit bekennen und sich über die praktische Umsetzung in Deutschlands größtem Unternehmensnetzwerk austauschen. Dabei geht es vor allem darum, welche Instrumente im Diversity Management erfolgreich eingesetzt und welche Schnittstellen zu anderen Themen wie der gesellschaftlichen Verpflichtungen oder Diversity bei Lieferanten von Unternehmen eingebunden werden. Sehr gefragt sind Seminare, die das Bewusstsein für und die Fähigkeiten zur besseren Führung und Zusammenarbeit mit einer vielfältigen Belegschaft entwickeln. Diversity wird somit zunehmend ein Bestandteil der Geschäftsstrategie, der Kompetenz von Führungskräften und dem wertschätzenden Umgang aller miteinander im Unternehmen.

Auf diese Weise kann Diversity Management in vieler Hinsicht einen entscheidenden Wettbewerbsvorteil, ein Alleinstellungsmerkmal (USP – Unique Selling Proposition) für ein Unternehmen darstellen – sei es als attraktiver Arbeitgeber für unterschiedlichste Talente, als attraktiver Lieferant oder Geschäftspartner oder in Bezug auf die individuelle Ansprache einer vielfältigen Kundschaft. Bei der Homogenität der Produkte kommt es schließlich immer mehr darauf an, ob und wie gut sich die Geschäftspartner verstanden fühlen. Letztendlich wird ein gutes Diversity Management maßgeblich dafür sorgen, dass ein Unternehmen auch in Zukunft erfolgreich sein kann, wenn es mit einer vielfältigen Belegschaft die spezialisierten und zunehmend individuellen Wünschen der Kundschaft erkennen und erfüllen kann.

Literatur/Links

Charta der Vielfalt: www.charta-der-vielfalt.de

Arbeitswelt in Bewegung: Bundesministerium für Bildung und Forschung: www.bmbf.de.

Dream-Team statt Quote: Studie zu Vielfalts- und Einbeziehungsmanagement; Roland Berger Strategy Consultants: www.rolandberger.com.

McKinsey & Company: Women Matter 1-4, Oktober 2010. http://www.mckinsey.de/html/publikationen

Gertraude Krell (Hg): Chancengleichheit durch Personalpolitik: Gleichstellung von Frauen und Männern in Unternehmen und Verwaltungen. Rechtliche Regelungen – Problemanalysen – Lösungen, Gabler Verlag 2011.

Richard Florida: The Rise Of The Creative Class. And How It's Transforming Work, Leisure and Everyday Life, Basic Books, 2002.

Why Diversity Matters, Catalyst 2011, www.catalyst.org.

Diversity als Chance – die Charta der Vielfalt der Unternehmen in Deutschland

Die „Charta der Vielfalt“ ist eine 2006 zusammen mit Staatsministerin Maria Böhmer gegründete Unternehmensinitiative, heute geführt als ein gemeinnütziger Verein, unter der Schirmherrschaft von Angela Merkel. Mit der Unterzeichnung der Charta verpflichten sich Organisationen zu einem vorurteilsfreien Arbeitsumfeld, einem Klima der Akzeptanz und zu gegenseitigem Vertrauen und Respekt. Ziel ist eine nachhaltig wirkende Strategie, die alle Aspekte von Vielfalt/Diversity miteinbezieht und als belebende Elemente begreift: Diversity Management. Die Initiative mit mittlerweile 1.200 Unterzeichnern mit mehr als 5,6 Millionen Beschäftigten bildet einen Handlungs- und Vernetzungsrahmen für die unterschiedlichsten Akteure in Deutschland, sie sind Agenda Setter für Diversity Management. Bei Veranstaltungen gibt es einen Austausch über Diversity-Themen und die Möglichkeit, Best-Practice-Beispiele vorzustellen. Nur über Erfahrungsaustausch und die Offenheit für Neues kann Vielfalt in Wirtschaft und Gesellschaft verankert werden und sich positiv auswirken.

Doch nicht nur die gesellschaftliche Verantwortung motiviert Organisationen, sich für Vielfalt einzusetzen, sie ist auch von großem wirtschaftlichen Nutzen: Firmen und Institutionen, die vielfältige Mitarbeiterinnen und Mitarbeiter beschäftigen und richtig einzusetzen wissen, erzielen innovativere und kreativere Lösungen und sind damit nachweislich erfolgreicher. Daneben ist in Zeiten des demografischen Wandels entscheidend, personelle Ressourcen, die zuvor nur marginal wahrgenommen wurden, zu erkennen und zu nutzen. In dem damit verbundenen Wettbewerb um qualifizierte Beschäftigte sind künftig Organisationen im Vorteil, die ihren Angestellten attraktive Angebote, einen ihrer Qualifikation entsprechenden Arbeitsplatz und ein vorurteilsfreies Arbeitsumfeld anbieten.

Wir sind überzeugt: Gelebte Vielfalt und ihre Wertschätzung hat eine positive Auswirkung auf die Gesellschaft in Deutschland.

charta der **vielfalt**

www.charta-der-vielfalt.de

Nationaler Pakt für Frauen in MINT-Berufen „Komm, mach MINT."

Bereits über 100 Unternehmen und Institutionen engagieren sich, um mehr Frauen für MINT-Berufe zu gewinnen

Der Personalbedarf in den MINT-Branchen Mathematik, Informatik, Naturwissenschaften und Technik ist groß und wird sich weiter erhöhen. Unternehmen und Forschungseinrichtungen werben deshalb verstärkt um Absolventinnen naturwissenschaftlicher und technischer Studiengänge – nicht zuletzt, indem sie sich als attraktive Arbeitgeber präsentieren. Vielerorts kooperieren die Unternehmen bereits mit Hochschulen und bieten spezielle Studentinnen-Tage mit Werksbesichtigungen und umfangreichen Informationen an. Gleichzeitig bieten sie die Möglichkeit für Praktika, Studien- und Abschlussarbeiten. Und um junge Frauen auf Messen und Veranstaltungen zu erreichen, wird verstärkt auf weibliche Vorbilder aus den eigenen Reihen gesetzt. Auch innerbetrieblich werden zahlreiche Maßnahmen wie flexible Arbeitszeiten, Elternzeit und Modelle für alternierende Telearbeit umgesetzt und Qualifizierungsangebote oder ein spezielles Mentoring angeboten.

Die Mitgliedschaft im Nationalen Pakt für Frauen in MINT-Berufen ermöglicht es den Paktpartnern, sich über ein zukunftsweisendes Personalmanagement auszutauschen, Kooperationen zu starten und gemeinsam neue Kampagnen zu entwickeln und durchzuführen.

Die bereits bestehenden Maßnahmen werden unter dem Dach von „Komm, mach MINT." gebündelt und durch eine gemeinsame Öffentlichkeitsarbeit sichtbar gemacht. Das Informationsportal www.komm-mach-mint.de bietet einen Überblick über das breite Spektrum von Angeboten mit konkreten Tipps, Handlungsempfehlungen und einer bundesweiten Projektlandkarte. Mit bisher 1.000 Projekten ist es gelungen, bis heute insgesamt 436.800 Mädchen und junge Frauen anzusprechen.

komm mach MINT NATIONALER PAKT FÜR FRAUEN IN MINT-BERUFEN

www.komm-mach-mint.de

Schlüsselfaktor Führungskräfte

Schaut man sich das Anforderungsprofil heutiger Führungskräfte an, muss man fast den Eindruck bekommen, dass diese Menschen übermenschliche Kräfte haben. Sie sollen tiefgehende Expertise in ihrem Gebiet haben und zusätzlich den Blick für das Gesamtunternehmen. Ihre sozialen Kompetenzen verbinden sie mit der Zielführung für das Geschäft der Max Muster GmbH – sie motivieren ihre Mitarbeiter und bringen sie auf Linie. Zu ihren Vorgesetzten – sie liegen nämlich in der Sandwichmitte – sind sie zu allen Zeiten loyal und den jungen Azubis Vorbilder. Gibt es etwas, das Führungskräfte nicht können? Gibt es etwas, das Führungskräfte besonders gut können sollen, wenn sie zu „Fachkräftemagneten" werden sollen? Und: Ist dies leistbar?

Veränderte Anforderungen an Führungskräfte

Christian Dries und Jacqueline Dicke

A. Führung im Zeitalter des demografischen Wandels

„Markenbotschafter sein? Fachkräfte rekrutieren? Was soll ich denn als Führungskraft noch alles machen? Ich habe schon genug Arbeit damit, die Kollegen mit unterschiedlichstem Alter und Hintergrund als Team zusammenzuhalten." Diese Reaktion hatte Max Muster von Herrn Schulze nicht erwartet – einem seiner besten Mitarbeiter und Führungskräfte. Herr Schulze ist Ingenieur, 54 Jahre alt, arbeitet seit fast 20 Jahren bei der Max Muster GmbH. Er leitet ein Team von 16 Mitarbeitern. In letzter Zeit hatte Max Muster vermehrt eine Unzufriedenheit bei seinen Führungskräften gespürt. Er erinnert sich an den Vortrag eines Psychologen auf der Achema Messe letzte Woche in Frankfurt. Der Flyer liegt noch auf seinem Schreibtisch: „Schaut man sich das Anforderungsprofil heutiger Führungskräfte an, muss man fast den Eindruck bekommen, dass diese Personen übermenschliche Kräfte besitzen. Sie sollen einen hohen Grad an Expertise aufweisen, die neusten Trends der Branche verstehen und zusätzlich die Ziele des Unternehmens im Blick haben. Mit ihren ausgeprägten sozialen Kompetenzen motivieren sie ihre Mitarbeiter, managen Diversität im Team und sorgen für ein attraktives Bild des Unternehmens nach außen und innen." Was kann ein Unternehmen seinen Führungskräften an die Hand geben, damit sie diesen Herausforderungen gewachsen sind? Wie können Führungskräfte den Anforderungen der heutigen Zeit sowie dem Fachkräftemangel begegnen?

I. Was ist Führung?

„Der wichtigste Erfolgsfaktor eines Unternehmens ist nicht das Kapital oder die Arbeit, sondern die Führung", konstatierte schon Reinhard Mohn, deutscher Unternehmer und Stifter bei Bertelsmann. Dem Thema Führung wird in Wissenschaft und Praxis zu Recht eine große Bedeutung zugemessen. Auch in der Max Muster GmbH besitzt es einen hohen Stellenwert. Bevor Führung im Hinblick auf aktuelle Gegebenheiten beleuchtet wird, soll eingangs geklärt werden, was genau sich hinter diesem Begriff verbirgt. Rosenstiel (2003) definiert Führung als eine zielbezogene Einflussnahme, die zum einen durch die Strukturen einer Organisation (Leitlinien, Regeln, Werte) und zum anderen durch Personen ausgeübt werden kann. Bei der Führung durch Personen handelt es sich um eine absichtliche soziale Einflussnahme mittels Kommunikationsprozessen.

Diese theoretischen Überlegungen spiegeln sich in der Realität insofern wider, als dass Führungsverhalten zu 75 bis 90 Prozent aus Kommunikation besteht (Winterhoff-Spurk, 2002) und Führung im engen Zusammenhang mit Unternehmensstrukturen steht. Neben ausgeprägter verbaler Kommunikation mit Mitarbeitern, Kunden, Kollegen und Vorgesetzten ist die Arbeit als Führungskraft durch verschiedenartige, schnell und oft wechselnde Tätigkeiten, wenig Raum für konzeptionelle Arbeiten, konstanten Zeitdruck, lange Arbeitszeiten sowie häufige Dienstreisen geprägt (Regnet, 2003).

II. Die klassischen Anforderungen an Führungskräfte

Welche klassischen Anforderungen bringt eine Führungsposition mit sich? Denken wir an Herrn Schulze, so benötigt er in seinem Job ausreichend Fachwissen, um sein Team inhaltlich anleiten zu können. Er übernimmt Aufgaben des Personalmanagements wie zum Beispiel Einstellungsinterviews und Mitarbeitergespräche. Weiterhin betreibt er Kommunikationsmanagement, indem er Informationen innerhalb und außerhalb des Unternehmens einholt und weitergibt. Für die Planung und Priorisierung seiner vielfältigen Aufgaben benötigt er außerdem ein hohes Maß Selbstmanagementkompetenz. Da er Ansprechpartner für seine Mitarbeiter und gleichzeitig der Geschäftsführung gegenüber loyal sein soll, befindet er sich in einer sogenannten Sandwichposition, die ausreichend Sensibilität im Umgang mit den verschiedenen Interessengruppen verlangt. Ergo stellen Fachwissen, Personal-, Kommunikations- und Selbstmanagement sowie Sensibilität die Basisanforderungen an Führungskräfte im Allgemeinen dar (Regnet, 2003). Diesen Anforderungen wurde Herr Schulze bisher gerecht. Doch in den letzten Jahren stößt er mit seinem altbewährten Führungsverhalten immer häufiger auf Widerstand und fühlt sich teilweise sogar überfordert. Was hat sich geändert?

III. Veränderungen der Gesellschaft und des Arbeitsmarktes

Man sagt: „Nichts ist so beständig wie der Wandel“. Dies gilt auch für gesellschaftliche Strukturen und die Bedingungen auf dem Arbeitsmarkt. Die Gesellschaft altert, der Nachwuchs an gut ausgebildeten Fachleuten scheint unsicher, grundsätzliche Werteorientierungen verändern sich bei den Arbeitnehmern, neue Technologien prägen den Arbeitsalltag und viele Unternehmen sind über ihre regionalen Grenzen hinweg tätig. Welche Veränderungen sind für die Max Muster GmbH bedeutsam?

> „Als Strategie, Fachkräfteengpässe zu überbrücken oder zu kompensieren, nannten 40 Prozent der Unternehmen ältere Mitarbeiter zu halten bzw. diesen älteren Mitarbeitern Beraterverträge anzubieten."

1. *Arbeitsmarktentwicklung*

Demografischer Wandel und Fachkräftemangel sind wohl die zwei dominantesten Schlagwörter in der Diskussion um aktuelle Entwicklungen am Arbeitsmarkt. Der Rückgang der Geburten in Deutschland hält an und weist mit 1,3 Kindern pro Frau eine sehr niedrige Nettoreproduktionsrate von nur 70 Prozent auf. Die Verringerung der Gesamtbevölkerung (bei gleichbleibender Zuwanderung bis 2050 auf circa 60 Millionen) beeinflusst das Arbeitskräftepotenzial enorm. Es findet eine Verschiebung der Altersstruktur statt, die zur Konsequenz hat, dass weniger junge Arbeitskräfte nachrücken und somit der Anteil älterer Mitarbeiter in den Unternehmen steigt. Dieses Phänomen ist unumstritten. Der Fachkräftemangel hingegen wird kontrovers diskutiert. Die Bundesagentur für Arbeit sieht zwar keinen flächendeckenden Fachkräftemangel, sondern lediglich regional begrenzte Engpässe in bestimmten Berufsfeldern (Ingenieurberufe, Ärzte, Gesundheits- und Pflegekräfte). Arbeitgeberverbände und Industrie sehen die Lage dagegen etwas kritischer: Aktuell sollen laut dem Verband der Ingenieure 69.000 Ingenieure und laut dem Institut der deutschen Wirtschaft 150.200 Fachkräfte im Bereich Mathematik, Informatik, Naturwissenschaft und Technik (kurz: MINT) fehlen (Demmer, 2011). Trotz widersprüchlicher Meldungen und kontroverser Diskussionen sollte die Max Muster GmbH diese Entwicklungen nicht ignorieren. Allgemeine Lösungsansätze der Regierung, das Potenzial von Frauen und älteren Arbeitnehmern zu nutzen und parallel auf gezielte Zuwanderung zu setzen, sollten auf Unternehmensebene in konkrete Maßnahmen umgesetzt werden.

2. *Wertewandel*

Wenn Max Muster seine guten Mitarbeiter halten und seine offenen Stellen mit qualifizierten Fachkräften besetzen möchte, dann ist es hilfreich zu wissen, was ihnen wichtig ist und was sie antreibt. Die Anforderungen der Arbeitnehmer an die Unternehmen und somit auch an die Führungskräfte haben sich in Folge eines grundlegenden Wertewandels verändert (Schuh & Ambrosy, 2001). Die Prioritäten der Mitarbeiter haben sich von materiellen zu postmateriellen Werten verschoben. Eine Motivation durch rein monetäre Anreize ist dadurch weder zeitgemäß noch wirksam. Früher wurde das Leben mehr als Aufgabe empfunden, die durch gehorsame Pflichterfüllung zu bewältigen ist. Heute dominiert hingegen ein Lebensmodell, bei dem Genuss im Vordergrund steht. Arbeitnehmer wollen sich in anspruchsvollen Tätigkeiten selbst verwirklichen. Hinzu kommt ein stärkeres Bedürfnis nach einem Gleichgewicht zwischen Beruf und Freizeit beziehungsweise Zeit für die Familie, modern als Work-Life-Balance bezeichnet. Es darf angenommen werden, dass Bewerber künftig viel stärker die Passung der eigenen Werte mit den Werten des Unternehmens überprüfen. Aufseiten der Unternehmen bedeutet dies, dass für eine nachhaltige Personalauswahl der tradierte „Leistungs-Fit“ durch einen „Motiv-Fit“ ergänzt werden sollte. Aktuell achten noch zu wenige Unternehmen auf ein Wertegleichgewicht zwischen Organisation und Arbeitnehmer. Eine Berücksichtigung der Arbeitnehmerbedürfnisse und -interessen in Arbeitsgestaltung und Führung kann die Attraktivität als Arbeitgeber ungemein steigern, die Mitarbeiterbindung erhöhen und auch als Fachkräftemagnet fungieren. Dabei verfügen gerade kleine und mittelständische Unternehmen über Merkmale wie zum Beispiel flexible Arbeitszeitmodelle, individuelle Weiterbildungsmöglichkeiten und kurze Entscheidungswege, die sie als Arbeitgeber einzigartig und attraktiv machen. Diese Alleinstellungsmerkmale, wie beispielsweise Charakteristika der Arbeitsaufgaben, des Unternehmensangebots, seiner Mitarbeiter oder der Unternehmenskultur, werden als Employer Value Proposition (EVP) bezeichnet (Trost, 2009). Diese unternehmensspezifischen Faktoren machen den Kern der Arbeitgebermarke (Employer Brand) aus. Um dem Wertewandel konstruktiv zu begegnen, sollte die Max Muster GmbH das unausgeschöpfte EVP-Potenzial nutzen und ihre Arbeitgebermarke klar definieren und kommunizieren.

3. *Wissensexplosion*

Die Fülle, Verteilung und die Relevanz von Wissen haben sich in den letzten Dekaden stark gewandelt. Zum einen ist die Halbwertszeit von Fachwissen stetig gesunken, was insbesondere auf technologische Berufsfelder zutrifft. Die Kenntnisse, die der eingangs erwähnte Dipl. Ingenieur Herr Schulze beim Eintritt in die Max Muster GmbH vor 20

Jahren besaß, sind heute zum Teil veraltet. Fachliches Know-how bedarf einer kontinuierlichen Aktualisierung. Zum anderen hat sich die Verteilung von Informationen durch neue Kommunikationssysteme (E-Mail, moderne Telefonanlagen, Wissensdatenbanken, Internet etcetera) verändert. Die Mitarbeiter können auf eine große Fülle an Daten und Fakten über das Unternehmen und seinen Kontext zugreifen. Der Informationsfluss läuft somit nicht mehr vorrangig über die Führungskraft; sie hat kein Wissensmonopol mehr. Um diesen Entwicklungen adäquat zu begegnen, sollten Unternehmen im Allgemeinen und Führungskräfte im Speziellen die Lernfähigkeit und -bereitschaft ihrer Mitarbeiter fördern sowie vorhandenes Wissen nachhaltig verwalten und allen Mitarbeitern zugänglich machen.

4. *Arbeitsorganisation*

Um eine Steigerung der Kundennähe und eine Entbürokratisierung bei Entscheidungen zu erreichen, ist die Max Muster GmbH dem Dezentralisierungstrend der letzten Jahre gefolgt. Durch die Etablierung flacherer Hierarchien wurde eine größere Flexibilität erreicht. Die Kehrseite dieser Entwicklung geht aufseiten der Führungskräfte mit einer größeren Führungsspanne, das heißt mit mehr Mitarbeitern pro Führungskraft und dadurch mit einer Arbeitsverdichtung einher. Führungskräfte sehen sich vermehrt mit der Steuerung von Kommunikationsprozessen konfrontiert. Gleichzeitig geben sie Verantwortung und somit Einfluss an Projektleiter ab, da die Arbeitsform der Projektarbeit an Bedeutung gewonnen hat. Inhaltliche Aufgaben sind vielschichtiger und komplexer geworden, weshalb in der Max Muster GmbH insgesamt viel mehr im Team gearbeitet wird als noch vor 20 Jahren. In diesen Teams sitzen Spezialisten, die sich in ihrem Fachgebiet teilweise besser auskennen als ihre Führungskraft. Diese Veränderungen der Arbeitsorganisation werden von Führungskräften oft als Stress erlebt. Neben einer Strategie zur Stressbewältigung benötigen die Führungskräfte ein neues Selbstverständnis ihrer Rolle.

5. *Globalisierung/Internationalisierung*

Die zunehmende Globalisierung zeigt sich auch bei der Max Muster GmbH. Zulieferer und Kunden sitzen schon lange nicht mehr nur in Deutschland. Was kann das Unternehmen veranlassen, um im angemessenen Rahmen Sprachkenntnisse, Mobilitätsbereitschaft und eine Sensibilität für fremde Kulturen zu fördern? Führungskräfte müssen sich mit dem Thema kultureller Diversität auseinandersetzen. Die Beachtung juristischer Regelungen, die der Vermeidung von Ungerechtigkeiten im multikulturellen Kontext dienen, wie beispielsweise das AGG (Allgemeines Gleichbehandlungsgesetz), stecken dabei aber lediglich den Rahmen ab. Als Basis für eine erfolgreiche Zusammenarbeit mit Geschäftspartnern oder Mitarbeitern verschiedener Kulturen sollten Führungskräfte sich einen Verhaltensstil aneignen, der ein hohes Maß an gegenseitigem Vertrauen und Toleranz zwischen den Kulturen auf eine authentische Weise fördert.

B. Anforderungen an Führungskräfte von morgen

Warum sollte Max Muster bei der Bewältigung der aktuellen Herausforderungen und dem Fachkräftemangel ein besonderes Augenmerk auf seine Führungskräfte richten? Die Führungskräfte stellen die Verbindung zwischen der strategischen Unternehmensführung und den Mitarbeitern dar. Sie haben die Aufgabe, neue Prozesse zu initiieren und zu steuern, wodurch ihnen eine besondere Verantwortung im Hinblick auf ein Veränderungsmanagement zukommt.

I. Auswirkungen der Veränderungen auf das Führungsverständnis

Wie bereits angedeutet, implizieren die dargestellten Veränderungen eine neue Art der Führung: „Anstelle des ‚besten Fachmanns' wird ein Koordinator gesucht, der Vorgesetzte wird zum Moderator, Berater und Coach seiner Gruppe" (Regnet, 2003, S. 57). Die Führungskraft kann in dieser Rolle als Prozessbegleiter dem Selbstverwirklichungsanspruch seiner Mitarbeiter gerecht werden und das spezialisierte Fachwissen der einzelnen Teammitglieder integrieren.

Ein zeitgemäßes Führungsverständnis beinhaltet nach Scholz (2003) auch einen neuen grundlegenden sozialen Kontrakt im Arbeitsleben, nach welchem Unternehmen und Mitarbeiter jeweils ihre eigenen Ziele verfolgen und gleichzeitig die Potenziale der wechselseitigen Freiheiten nutzen können. Vorgesetzte können durch diesen Kontrakt Mitarbeiter mit unterschiedlichen (Eigen-)Interessen und verschiedenem Ausmaß an Loyalität führen. In diesem Zusammenhang sollten die Führungskräfte bei den Mitarbeitern aktiv das Commitment zum Unternehmen und die Identifikation mit dessen Zielen fördern.

Dadurch erhöht sich die Wahrscheinlichkeit, dass Mitarbeiter den gewachsenen Handlungsspielraum im Sinne des Unternehmens nutzen (van Dick, 2007). Die Instrumente transaktionaler Führung[1] werden von den meisten Führungskräften bereits heute genutzt. Zur Stärkung von Commitment und Identifikation bedarf es darüber hinaus aber eines transformationalen Führungsstils[2]. Dieser verlangt von der Führungskraft Charisma, inspirierende Motivierung, intellektuelle Stimulierung und individuelle Wertschätzung im Umgang mit ihren Mitarbeitern (Felfe, 2005). Der Vorgesetzte soll andere mit seiner Begeisterung für die Arbeit anstecken, die Unternehmenswerte vorleben und so als positives Rollenmodell dienen. Es geht bei der transformationalen Führung im Kern um die Übertragung von Visionen, wie das folgende Beispiel verdeutlicht: Stellen Sie sich vor, Sie stehen vor dem Kölner Dom und fragen einen Steinmetz, der an der Restaurierung des Doms arbeitet, was er mache. Eine mögliche Antwort wäre: „Ich haue den Stein, das sehen Sie doch!" Antwortet der Steinmetz hingegen: „Ich arbeite an der Erhaltung des größten und imposantesten gotischen Bauwerks Europas!", dann ist der Dombaumeisterin die transformationale Führung gelungen. Was meinen Sie, bei welchem der beiden Steinmetze das Engagement und die Motivation höher sind?

II. Welche Anforderungen resultieren?

Die Führungskräfte der Max Muster GmbH sehen sich aktuell, den vorangegangenen Ausführungen zufolge, mit neuen Anforderungen in folgenden Kompetenzfeldern konfrontiert:

1 Transaktionale Führung kann als rationales, austauschorientiertes Prinzip der Führung beschrieben werden. Dieser Führungsstil soll Mitarbeiter über Zielvereinbarungen zu Leistung motivieren. Die Belohnung der Mitarbeiter richtet sich allein nach dem Grad der Zielerreichung. Obwohl die Effektivität des Ansatzes allgemein anerkannt ist, so bleibt seine Wirkung auf den sozialen Austauschprozess beschränkt und kann kein darüber hinausgehendes Engagement des Mitarbeiters erreichen (Muck, 2007).

2 Transformationale Führung zielt auf ein höheres Mitarbeiterengagement ab, als es durch reine Austauschprozesse zu erwarten wäre. Die Führungskraft verfolgt dabei typischerweise eine Vision, für die sie selbst großen Einsatz bringt. Sie erzeugt bei den Mitarbeitern eine Veränderung der Werte sowie des Selbstverständnisses und spricht vor allem die emotionale Ebene an. Diese Art der Führung beinhaltet intellektuelle Anregung, Motivation und Förderung des Mitarbeiters durch seine Führungskraft (Muck, 2007).

1. *Lernkompetenz*

Der berufliche Bildungsprozess ist in der heutigen Zeit niemals abgeschlossen. Kontinuierliche Weiterqualifikation und die Förderung lebenslangen Lernens wird damit zur Führungsaufgabe. Der Vorgesetzte muss nicht nur seine eigene Entwicklung vorantreiben, sondern auch die seiner Mitarbeiter. Er übernimmt die Rolle eines Lerncoachs im Team.

2. *Strategische Kompetenz*

Um die richtigen Managemententscheidungen zu treffen, gilt es, komplexe, globale Zusammenhänge zu erkennen und zu verstehen. Bei komplexen Systemen bleibt immer ein gewisser Anteil an Unsicherheit. Ein flexibler Umgang damit und ein ganzheitlicher Denkansatz sind Lösungen hierfür. Es gilt, Entscheidungen auch unter Unsicherheit treffen zu können und widersprüchliche Informationen integrieren zu können. Diese Fähigkeit wird als Ambiguitätstoleranz bezeichnet und hat nicht ohne Grund Einzug in die Kompetenzmodelle von großen deutschen Konzernen gehalten. Bei Computersimulationen hat sich zudem herausgestellt, dass nach einer umfassenden Informationssuche Entscheidungen am besten en bloc getroffen werden. Dadurch sind diese besser aufeinander abgestimmt. Dieses Vorgehen zeigte sich bei den Untersuchungen einem sukzessiven Vorgehen überlegen, bei dem die Probleme einzeln nacheinander abgearbeitet werden (Regnet, 2003). Da die Führungskraft als Entscheidungsgrundlage eine Art Überblickswissen benötigt, kommt dem Thema Wissensmanagement ebenfalls eine große Bedeutung zu. Einzelne Teammitglieder besitzen auf bestimmten Fachgebieten ein größeres Wissen als die Führungskraft selbst. Die Führungsaufgabe liegt also darin, das vorhandene Wissen zu vereinen.

3. *Soziale Kompetenz*

Soziale Kompetenz umfasst die Fähigkeit, im Umgang mit Menschen allgemein adäquat zu agieren und zu reagieren. Da der Arbeitsalltag einer Führungskraft zu einem großen Teil aus Kommunikation besteht, stellen ausgeprägte kommunikative Fähigkeiten eine Kernkompetenz dar. Kommunikation ist das Mittel, mit dem die Führungskraft aktiviert, initiiert, koordiniert und motiviert. Im engen Zusammenhang mit den kommunikativen Fähigkeiten steht die Teamfähigkeit. Teamarbeit bietet Vorteile wie Synergieeffekte, eine größere Motivation, geringere Fehlzeiten und eine höher Identifikation der Mitglieder mit der Gruppe und ihrem Arbeitsergebnis. Es bestehen aber auch Risiken wie

Verantwortungsdiffusion, soziales Faulenzen oder Konflikte aufgrund der Unterschiedlichkeit von Teammitgliedern. Die Führungsaufgabe besteht darin, die Arbeit teamgerecht zu strukturieren, durch eine positive Einstellung zu Diversität die Unterschiedlichkeit der Mitglieder zu nutzen sowie Konflikte frühzeitig zu erkennen und zu lösen.

4. *Persönliche Kompetenz*

Selbstmanagement gehört zu einer klassischen Anforderung an Führungskräfte. Durch die geschilderten Veränderungen der Arbeitsorganisation sind die Anforderungen in diesem Bereich allerdings gewachsen. Der entsprechende Grundsatz für Führungskräfte sollte lauten: Nur wer sich selbst führen kann, sollte dies bei anderen tun. In den Bereich der persönlichen Kompetenz fällt außerdem der Führungsstil. Wie bereits erwähnt, hat die transformationale Führung positive Auswirkungen auf Mitarbeitermotivation, -leistung und -bindung. Die Mitarbeiter erwarten heute Führungskräfte, die aus Überzeugung an Visionen arbeiten. Ein Vorgesetzter kann seine Mitarbeiter dabei stärker durch beispielhaftes Handeln beeinflussen als durch die reine Proklamation von Werten. Wenn Herr Schulze von der Max Muster GmbH beispielsweise Innovationsfähigkeit von seinen Mitarbeitern einfordert, dann sollte er selbst ebenso innovative Ideen einbringen und Veränderungen auch gegen Bewahrungstendenzen vorantreiben.

C. Was muss sich ändern? Die Mindsets der Zukunft

Die Anforderungen kennen heißt noch lange nicht, sie zu erfüllen. Wie die Erziehung von Kindern ist auch (Unternehmens-)Führung kein rein kognitives Problem! Vor einer Handlung muss die Frage gestellt werden, ob auch die Einstellung stimmt.

I. Wandel von Einstellungen und Verhaltensweisen

Innovation und Veränderung gehören zu den vornehmsten Führungsaufgaben. Allerdings sind wir Menschen nicht von Natur aus darauf programmiert, ständig Veränderungen zu suchen. Nun gehören Einstellungsänderungen zu einem der schwierigsten Aspekte der menschlichen Verhaltensmodifikation. Es gibt kaum ein Wissensgebiet in der Psychologie, in dem sich so viele Theorien mit einem so eingeschränkten Wirkungsbereich tummeln. Festzuhalten ist, dass Einstellungen nicht gleichbedeutend mit aktuellem Verhalten sind. Neben den Einstellungen beeinflussen Vorstellungen über soziale Normen und die subjektiv wahrgenommene Verhaltenskontrolle das tatsächliche Verhalten.

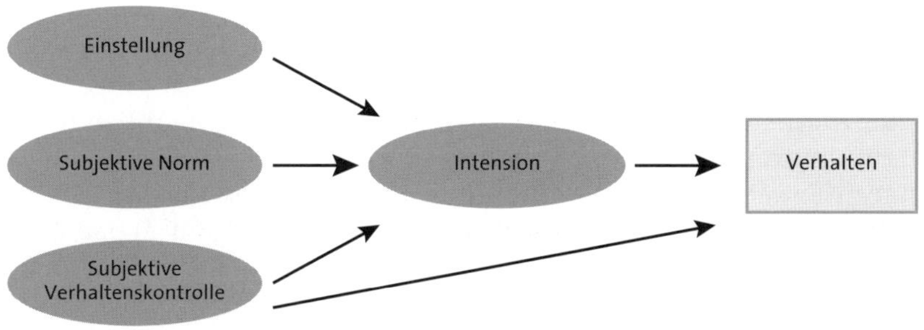

Abbildung 1: Vereinfachte Darstellung des Modells des geplanten Verhaltens von Ajzen (1991).

Das folgende Beispiel versucht das Modell in die Praxis zu übertragen: Eine Führungskraft hat in ihrem Bereich seit längerem eine offene Gruppenleiterstelle, die dringend besetzt werden muss. Die Führungskraft findet einen von ihr favorisierten Bewerber, der allerdings schon 51 Jahre alt ist und seinen Ingenieurstitel nicht an der Universität, sondern erst später im Lebenslauf über ein Fernstudium erworben hat. Das Verhalten, diesen Bewerber auszuwählen, hängt nun nicht allein von den Einstellungen der Führungskraft ab. Auch die wahrgenommene soziale Norm im Unternehmen zu Alter und zweitem Bildungsweg wird für die Führungskraft von Bedeutung sein. Weiterhin hat die Personalabteilung bei der Besetzung ein Vetorecht und eigentlich an einen Mittdreißiger für die Stelle gedacht. Schätzt die Führungskraft ihre Möglichkeiten, die Personalabteilung von ihrer Wahl zu überzeugen, als hoch ein (wahrgenommene Verhaltenskontrolle), so steigen die Chancen für den Bewerber enorm.

Dieses Beispiel soll veranschaulichen, dass wenn bei der Max Muster GmbH die nötigen Veränderungen im Verhalten der Führungskräfte eintreten sollen, Maßnahmen an allen drei Punkten – Einstellungen, Normen und Verhaltenskontrolle – ansetzen müssen.

II. Personalauswahl

Wenn Betriebe ihre Personalpolitik dem demografischen Wandel anpassen, müssen sie bei Neueinstellungen vermehrt ältere Bewerber berücksichtigen. Dies ist heute noch nicht der Fall. Anders als die Zahl der älteren Erwerbstätigen ist die Zahl der Neueinstellungen von älteren Bewerbern (50plus) in den letzten Jahren nicht gestiegen (Brussig, 2011). Hier besteht aktuell ein Missverhältnis. So lag der Anteil der neueingestellten Älteren an allen Neueinstellungen (absolute Eintrittsrate) im Jahr 2009 bei lediglich 13 Prozent. Auch die relative Eintrittsrate (Verhältnis der Eintrittsrate der Älteren zu den Jungen), ein guter Indikator für die Altersselektivität eines Betriebes, blieb in den letzten Jahren konstant. Trotz eines größer werdenden Angebotes an älteren Erwerbstätigen werden sie in Einstellungsprozessen seltener ausgewählt, was erste wissenschaftliche Analysen zeigen (Maier, 2011). In einem qualitativ ausgewerteten Interview wurden Unternehmensvertreter nach ihren Erfahrungen und Ansichten zum Thema Einstellung älterer Mitarbeiter befragt. Zwar ist das Thema in den Köpfen der Personalverantwortlichen angekommen, es wurden aber keine signifikanten Verhaltensänderungen berichtet. Auch besteht wenig Phantasie bezüglich spezifischer Rekrutierungsmethoden. Printmedien und Direktansprache waren die häufigsten Nennungen. Deller et al. (2008) sprechen in diesem Zusammenhang von einer „Jugendfixierung“ der Unternehmen. Wenn man bedenkt, dass die vergangenen 20 Jahre in der Personalpolitik geprägt waren von betrieblichen Vereinbarungen zum Vorruhestand, dann können wir ermessen, welche Aufgabe vor uns liegt.

Wie soll man die Führungskräfte dafür begeistern, ältere Mitarbeiter neuerdings als wertzuschätzende Ressource anzusehen? Wie kann das Mindset von Führungskräften diesbezüglich geändert werden? Eine Lösungsmöglichkeit besteht in der genauen Ableitung eines Anforderungsprofils von Stellen als Grundlage einer Eignungsdiagnostik, wie sie auch die DIN-Norm 33430 (Westhoff et al., 2010) vorsieht. Die überzogene Suche nach der „eierlegenden Wollmilchsau“ sollte einer realistischen Einschätzung der erfolgskritischen Merkmale eines Jobs Platz machen (Dries et al., 2006). Insbesondere die fachlichen Vorgesetzten sollten hier mittels Schulungen sowie Anwendung geeigneter Instrumente für die Erstellung eines Anforderungsprofils auf den Auswahlprozess vorbereitet werden. Wie in Bezug auf den Wertewandel bereits angesprochen, wird im Zusammenhang mit der Personalauswahl der Aufbau einer nach außen und innen wirksamen und glaubhaften Arbeitgebermarke ebenfalls an Bedeutung gewinnen. Denn nur wer als Arbeitgeber am Markt authentisch und attraktiv auftritt, erhält von begehrten Fachkräften Bewerbungen.

III. Personalentwicklung

Die klassische Personalentwicklung sollte wieder stärker in den Fokus der Führungskräfte rücken. Die Führungskraft als Coach ihrer Mitarbeiter hat die Aufgabe, deren Potenziale im Einklang mit deren Interessen und im Sinne des Unternehmens zu heben. Wie bei der Personalauswahl kann auch die Personalentwicklung auf Jahre zurückblicken, in denen die jungen Mitarbeiter klar im Fokus standen. Dieser Fokus ist nicht mehr zeitgemäß. Im Hinblick auf die Notwendigkeit lebenslangen Lernens dürfen Entwicklungsmaßnahmen nicht bei einem gewissen Alter der Mitarbeiter aufhören. Max Muster muss sich selbst kritisch die Frage stellen: Wie sieht der Anteil an Entwicklungsmaßnahmen für junge Mitarbeiter im Verhältnis zu solchen für ältere aus? Entspricht diese Verteilung der tatsächlichen Altersverteilung der Belegschaft?

Weiterhin wird es darum gehen, „Arbeitskontexte so zu gestalten, dass produktive Entwicklung über die gesamte Lebensspanne gefördert wird“ (Staudinger & Bowen, 2011, S. 295). Im Sinne einer dynamischen Personalentwicklung müssen Führungskräfte sich im Klaren darüber sein, dass die Entwicklung Erwachsener immer in der Spanne ihres individuellen Potenzials stattfindet (Plastizität) und zu jeder Zeit Steigerung sowie Verluste möglich sind (Multidirektionalität). Internen Einflussfaktoren wie Psyche und Physiologie stehen dabei externe Einflüsse wie Arbeitskontext und Unternehmenswerte gegenüber. Auf beide, interne wie externe Faktoren, kann Führung einwirken. Die lebenslange Plastizität und die Multidirektionalität der Entwicklung bildet die Basis für eine hohe intellektuelle, motivationale und emotionale Leistung von Mitarbeitern jeden Alters. Die Verbreitung solcher Vorstellungen über das lebenslange Lernen betrifft schließlich die Gesamtheit eines Unternehmens.

IV. Unternehmenskultur

Eine zukunftsfähige Max Muster GmbH sollte über klare Unternehmenswerte und Leitlinien für ihre Umsetzung verfügen. Diese geben Mitarbeitern und Führungskräften Orientierung und erleichtern Entscheidungen, zum Beispiel im Umgang mit Diversität, egal ob diese Diversität in Bezug auf Alter, Geschlecht oder Kultur verstanden wird. Es sollten nicht nur AGG-Trainings stattfinden, die zeigen, dass Diskriminierung verboten ist. Zugleich muss eine Mentalität etabliert werden, in der Diversität als Chance begriffen wird! Hierzu braucht es eine werteorientierte Führung. Um die Brücke zwischen Werten und Verhalten zu schlagen, können Unternehmen zum Beispiel Kompetenzmodelle als Wertebasis für Personalauswahl und -entwicklung einführen.

Es bleibt bei all diesen Aspekten dabei, dass die Führungskräfte den wichtigsten Hebel im Unternehmen darstellen. Diesen Hebel gilt es richtig einzustellen. Die Äußerung, dass in den letzten 20 Jahren zu viele Manager und zu wenig Führungskräfte ausgebildet wurden, trifft den wunden Punkt. Führung ist keine rein intellektuelle Aufgabe, bei der man Mitarbeiter durch Techniken und mit Hilfe von Personalinstrumenten zur höchstmöglichen Leistung treibt. Es geht um mehr. Es geht um Visionen und Werte, die durch die Führung beim Mitarbeiter ankommen müssen. Mit dieser Aufgabe dürfen die Führungskräfte im Wandel der Zeit vom Unternehmen nicht allein gelassen werden.

D. Fazit

Max Muster hat den Handlungsbedarf erkannt und sieht drei wichtige Ansatzpunkte für sein Unternehmen. Als Erstes muss Führung zukünftig über Visionen erfolgen. Das reine Steuern und Managen der Mitarbeiter greift zu kurz. Die Führungskräfte der Max Muster GmbH sollen die Werte leben und ihre Mitarbeiter für die Sache begeistern. Als Zweites möchte er die organisationalen Bedingungen daraufhin überprüfen, ob seine Mitarbeiter über angemessene Handlungsspielräume verfügen. Diesen Freiheitsgraden der Mitarbeiter stehen ihr Commitment zum Unternehmen und ihre Identifikation mit dessen Zielen gegenüber. Max Muster möchte darum ein Kompetenzmodell als Wertebasis etablieren, an dem sich Führungskräfte und Mitarbeiter orientieren können. Als dritten Ansatzpunkt definiert Max Muster personale Faktoren. Die Fähigkeiten und Einstellungen der Mitarbeiter müssen zukunftsfähig sein. Eine hohe Ambiguitätstoleranz und eine lebenslange Lernbereitschaft erscheinen ihm in seinem Betrieb essenziell. Eine von Neugier geprägte Grundeinstellung, die Innovationen hervorbringt, möchte er noch in diesem Jahr mit einem internen Ideenwettbewerb fördern.

Literatur

Ajzen, I. (1991). The theory of planned behavior. Organizational Behavior and Human Decision Processes, 50, S. 179–211.

Brussig, M. (2011). Neueinstellungen im Alter: Tragen sie zu verlängerten Erwerbsbiografien bei? Internet-Dokument. Duisburg, Düsseldorf: Inst. Arbeit und Qualifikation, Hans-Böckler-Stiftung. Altersübergangs-Report 2011-03.

Deller, J., Kern, S., Hausmann, E. & Diederichs, Y. (2008). Personalmanagement im demografischen Wandel. Ein Handbuch für den Veränderungsprozess. Berlin: Springer.

Demmer, C. (2011). Die Lust am Drama. PersonalWirtschaft 09/2011, S.24–29.

Dries, C., Krumm, S. & Lux, V. (2006). Nutzen der DIN 33430. Lengerich: Papst Verlag.

Felfe, J. (2005). Charisma, transformationale Führung und Commitment. Köln: Kölner Studien Verlag.

Maier, C. (2011). Rekrutierungung älterer Mitarbeiter: Strategien und Konzepte von Personalverantwortlichen. (Bachelor Arbeit an der Hochschule Fresenius im Fachbereich Wirtschaft und Medien, Studiengang Business Psychology).

Muck, P. M. (2007). Führung. In Heinz Schuler und Karlheinz Sonntag (Hrsg.) Handbuch der Arbeits- und Organisationspsychologie. Göttingen: Hogrefe.

Regnet, E. (2003). Der Weg in die Zukunft – Anforderungen an die Führungskraft. In Lutz von Rosenstiel, Erika Regnet & Michel Domsch (Hrsg.). Führung von Mitarbeitern. Handbuch für erfolgreiches Personalmanagement (5., überarbeitete Auflage). Stuttgart: Schäffer-Poeschel Verlag.

Rosenstiel, L. (2003). Grundlagen der Führung. In Lutz von Rosenstiel, Erika Regnet & Michel Domsch (Hrsg.). Führung von Mitarbeitern. Handbuch für erfolgreiches Personalmanagement (5., überarbeitete Auflage). Stuttgart: Schäffer-Poeschel Verlag.

Scholz, C. (2003). Spieler ohne Stammplatzgarantie. Darwiportunismus in der neuen Arbeitswelt. Weinheim: Wiley-VCH.

Schuh, H. & Ambrosy, I. (2001). Wohin die Reise geht. Folgen des Wertewandels für die Führungskräfteentwicklung. In Sven Litzke und Horst Schuh (Hrsg.). Lernende Organisation -die Nachrichtendienste-. Internet-Dokument. Brühl/Rheinland: Fachhochschule des Bundes für öffentliche Verwaltung, Fachbereich Öffentliche Sicherheit.

Staudinger, U.M. & Bowen, C.E (2011). A systemic approach to aging in the work context. ZAF, 44, S. 295–306.

Trost, A. (2009). Employer Branding. In A. Trost (Hrsg.). Employer Branding, S. 13–77. Köln: Luchterhand.

Van Dick, R. (2007). Identifikation und Commitment. In: H. Schuler & K.H. Sonntag (Eds.). Handbuch der Psychologie. Band A & O Psychologie (S. 287-293). Göttingen: Hogrefe.

Westhoff et al. (2010). Grundwissen für die berufsbezogene Eignungsbeurteilung nach DIN 33430 (3. Auflage). Lengerich: Papst.

Winterhoff-Spurk, P. (2002). Organisationspsychologie. Eine Einführung. Stuttgart: Kohlhammer.

Der richtige Kurs für die besten Köpfe
Epilog aus Sicht der IG BCE

Edeltraud Glänzer

A. Nachhaltige Fachkräftesicherung braucht Investitionen in Bildung, aber nicht nur ...

Die Zukunft unserer Gesellschaft basiert auf Bildung, Innovation und Qualität. Wissen und Erfahrung tragen schon heute in einem hohen Maße zur Wertschöpfung bei, mit steigender Tendenz. Für die Einzelnen sind eine gute Bildung und Ausbildung eine wesentliche Voraussetzung, um im Arbeitsleben dauerhaft bestehen zu können. Weil Bildung Wohlstand schafft und weil Bildungsabschlüsse heute mehr denn je über Lebensperspektiven entscheiden, sind Bildungsfragen natürlich auch Machtfragen. Dessen ungeachtet braucht Deutschland als ein an natürlichen Ressourcen armes Land gut ausgebildetes „Humankapital". Es genügt allerdings nicht, den Blick allein auf rein wirtschaftliche Interessen zu richten.

Die Wissensressourcen eines Unternehmens sind vorrangig die Beschäftigten, ihre Erfahrungen mit Kunden und Prozessen. Diese unterliegen einem ständigen Wandel. Verluste an Wissen und Erfahrung können zum Beispiel durch Krankheit, Rente/Pensionierung, Generationenwechsel, Personalfluktuation und der Einstellung „Wissen ist Macht – also behalte ich es für mich" entstehen. Eigene Fähigkeiten, persönliche Motivation und gesellschaftliche beziehungsweise betriebliche Rahmenbedingungen spielen eine zentrale Rolle beim Erwerb, bei der Entwicklung und der Aufrechterhaltung von Wissen. Die Wissensentwicklung der Beschäftigten ist somit von unterschiedlichen und teilweise nicht beeinflussbaren Faktoren abhängig. Um das intellektuelle Potenzial nachhaltig zu erschließen, bedarf es einer Kultur des kontinuierlichen Lernens, die die gesamte Belegschaft eines Unternehmens (unabhängig von Alter, Geschlecht, Nationalität usw.) einschließt. Verschiedene Analyse- und Beurteilungsinstrumente und eine Offenheit für innovative Instrumente innerbetrieblichen Lernens (E-Learning, Coaching, Jobrotationen) sind dabei gefragt.

Unter anderem bei der Kreditbeschaffung spielen neben den sogenannten harten Faktoren (wie Bilanz- und Kennzahlenanalyse) zunehmend auch die weichen Faktoren (Managementqualität, intellektuelles Vermögen) eine Rolle. Wissensbilanzen als Instrument tragen zur systematischen Steuerung eines Unternehmens bei und etablieren sich langsam. Sie unterstützen die Beschaffung von Fremd- und Eigenkapital und dienen zur Erfüllung rechtlicher Anforderungen. Sie tragen zur Beschäftigten- und Kundenrekrutierung und -bindung bei und entwickeln Kommunikation und Kooperation nach innen und außen.

Doch das allein wird nicht ausreichen: Fachkräftesicherung braucht Weitblick und die Erschließung sämtlicher betrieblicher und gesellschaftlicher Potenziale. Es reicht nicht mehr aus, sich auf einzelne Leuchttürme zu konzentrieren und alle anderen Gestaltungsaspekte zu vernachlässigen.

Kluge Unternehmen haben beispielsweise längst erkannt, dass gut ausgebildete Frauen eine zentrale Rolle bei der betrieblichen Gestaltung des demografischen Wandels einnehmen. Gute Rahmenbedingungen zu schaffen, die die Erwerbstätigkeit von Frauen fördern, tradierte Rollenbilder in Frage stellen und den Grundsatz „gleiches Entgelt für gleichwertige Arbeit" beachten, sorgen dafür, dass Unternehmen als Arbeitgeber für Frauen attraktiv werden und weibliches Fachkräftepotenzial nachhaltig gesichert werden kann.

Darüber hinaus müssen auch alle anderen Instrumente einer strategischen Personalplanung berücksichtigt werden. Wissensmanagement, Wissenstransfer, Potenzialerschließung und gezielte Förderung spielen hierbei eine ebenso große Rolle wie beispielsweise Demografieanalysen. Die Sozialpartner der chemischen Industrie haben bereits wichtige Schritte in diese Richtung unternommen.

B. Bildungsniveau ist Standortvorteil

Bildungspolitik ist Innovationspolitik. Im globalen Wettbewerb, der zunehmend von wissensbasierten Produktions- und Dienstleistungsformen geprägt wird, ist es unerlässlich, in Bildung und Ausbildung zu investieren. Dies gilt sowohl für den Staat als auch für Unternehmen. Komplexe und innovative Arbeits- und Organisationsformen und der internationale Wettbewerb fordern Belegschaften und Management. Die Chancen auf gute Bildung und Ausbildung dürfen nicht von den finanziellen Möglichkeiten der Eltern abhängen und auch nicht von deren Nationalität. Eine weitsichtige Bildungspolitik fördert alle Talente.

Dazu muss das duale Berufsausbildungssystem gestärkt und für die Zukunft fit gemacht werden. Die Öffnung von Universitäten für Nichtabiturient(inn)en mit erfolgreicher Ausbildung muss ebenso umgesetzt werden wie Kooperationen von Universitäten und Unternehmen. Dabei ist grundsätzlich darauf zu achten, dass keine Ökonomisierung aller Bereiche der Bildung betrieben wird. Wir brauchen eine Bildung, die nicht ausschließlich Wirtschaftsinteressen dient. Es geht auch um die Festigung und Weiterentwicklung einer freien und demokratischen Gesellschaft. Persönliche Perspektiven müssen weiter entwickelt werden können und ehrenamtliches Engagement ermöglicht werden.

Die Erstausbildung ist als eine betriebliche Investition in die Entwicklung zukünftiger Führungskräfte zu verstehen und somit – auch aus Arbeitgebersicht – unerlässlich. Eine gute Erstausbildung schafft das Fundament für die spätere Übernahme von technisch herausfordernden und in Fragen der Sozialkompetenz anspruchsvollen Aufgaben.

„Zwei Drittel der an der Umfrage beteiligten Unternehmen nennen ‚vorausschauendes Ausbilden‘ als besonders Erfolg versprechende Maßnahme, um Fachkräftemangel abzuhelfen."

Um weiterhin das Prinzip der freien Berufswahl zu fördern, muss eine deutlich höhere Anzahl an betrieblichen Ausbildungsplätzen angeboten werden. Denn noch gibt es deutlich mehr Bewerber(innen) um Ausbildungsplätze als Ausbildungsmöglichkeiten. Viele Jugendliche haben sich bereits im Vorjahr vergeblich um einen Platz bemüht und sind auch 2011 nicht zum Zug gekommen. Den im Jahr 2011 betrieblich angebotenen 468.899 neuen Ausbildungsplätzen standen 538.245 Bewerber(innen) gegenüber. Beinahe 50 Prozent davon sind Jugendliche, die bereits im Jahr zuvor vergeblich einen Ausbildungsplatz gesucht haben oder sich in sogenannten Warteschleifen befinden. Diese Entwicklung verstärkt sich Jahr für Jahr, ohne dass eine Perspektive entwickelt wird, wie sie abgebaut werden könnte. Hinzu kommt, dass etwa 1,5 Millionen Jugendliche zwischen 20 und 29 Jahren gar keinen Berufsabschluss haben. Bei dieser angespannten Lage auf dem Ausbildungsmarkt dürfen wir uns nicht zurücklehnen und uns nicht damit zufrieden geben, dass die chemische Industrie mit knapp 9.500 angebotenen Ausbildungsplätzen in 2011 positiv dasteht.

Eine gesunde Belegschaftsstruktur sollte mindestens 7 Prozent Auszubildende enthalten. Diese Quote wird derzeit nur in den wenigsten Betrieben erreicht. Obwohl allen Wirtschaftsvertreter(inne)n, Personalern und Personalerinnen und der Politik klar ist, dass der größte deutsche Standortvorteil in der guten Ausbildung der Beschäftigten liegt, wird deutlich zu wenig getan. Alle wissen, wie wichtig eine auf einem hohem Qualitätsniveau angesiedelte Ausbildung ist (zum Beispiel im Bereich der Forschung und der Entwicklung) – und trotzdem leisten wir uns ein System, in dem etwa die Hälfte eines Schulabgängerjahrgangs auf der Strecke bleibt. Hier besteht dringender politischer Handlungsbedarf. Doch allein auf die Politik zu vertrauen wird nicht ausreichen, um die Misere auf dem Ausbildungsmarkt nachhaltig zu lösen. Es müssen zusätzliche Ausbildungsplätze geschaffen werden.

Mit dem Tarifvertrag „Zukunft durch Ausbildung" ist es 2003 erstmals gelungen, eine gut funktionierende Sozialpartnerschaft zur Gestaltung eines völlig neuen Tarifbereichs zu nutzen. Gesetzliche Vorgaben brauchten wir dazu nicht. Während sich die Politik und andere Gewerkschaften immer noch über den Sinn von Gesetzesinitiativen streiten, ist es uns gelungen, tatsächlich die Schaffung zusätzlicher Ausbildungsplätze auszuhandeln. Die IG BCE und der Bundesarbeitgeberverband Chemie (BAVC) einigten sich auf jährliche Steigerungsraten bei den in der chemischen Industrie zur Verfügung gestellten Ausbildungsplätzen. So wurden seit 2003 in der Chemie 10 Prozent mehr Ausbildungsplätze geschaffen. Auch lern- und sozialschwachen Jugendlichen wird durch das Festhalten am Tarifvertrag „Zukunft durch Ausbildung" und zusätzliche Programme wie „Start in den Beruf" eine Perspektive auf einen Ausbildungsplatz ermöglicht.

In runden Tischen auf regionaler und Bundesebene entwickeln wir mit Partnern und Verbündeten gemeinsam weitere Konzepte und Handlungsoptionen. Wir unterstützen die Ausbildung in Klein- und Mittelbetrieben und arbeiten damit effektiv gegen Jugendarbeitslosigkeit! Diese Aktivitäten müssen fortgesetzt und gegebenenfalls auch intensiviert werden. Denn an dieser zentralen Frage wird sich zeigen, ob die Bundesrepublik – und damit auch die Unternehmen – für den demografischen Wandel gut gerüstet ist. Die Chemieindustrie arbeitet bereits gemeinsam an Erfolgsgeschichten.

C. Übernahme und damit Wissenstransfer sichern

Junge Beschäftigte sind überdurchschnittlich häufig von unsicheren Arbeitsbedingungen betroffen. Sie arbeiten öfter als alle anderen Altersgruppen in Leiharbeit, in befristeten Arbeitsverhältnissen oder zu

Niedriglöhnen. Die Arbeitslosenquote der 15- bis 24-Jährigen liegt in Deutschland bei über 10 Prozent. Die Hälfte aller Neueinstellungen in den Betrieben erfolgt aktuell nur befristet, und all das passiert, obwohl wir bereits seit Jahren wissen, dass älter werdende Belegschaften zu einem existenziellen Problem für den Wirtschaftsstandort Deutschland werden können.

Wenn sich die IG BCE auch für die unbefristete Übernahme Auslernender einsetzt, dann nicht nur unter dem Blickwinkel der Absicherung gegen den demografischen Wandel in den Betrieben. Natürlich ist es außerordentlich wichtig, den drohenden Know-how-Verlust, den älter werdende Belegschaften mit sich bringen können, abzufedern. Doch die Dimensionen der Übernahmefrage sind für die Gesellschaft und für die Betroffenen vielfältiger und auch dramatischer.

Junge Facharbeiter(innen), die nach dem Ende ihrer Berufsausbildung nur befristet, in Leiharbeit oder zu Niedriglöhnen übernommen werden, verlieren die Möglichkeit, ihre eigene Zukunft zu planen. Sie bemerken, dass das Leistungsversprechen als zentrales Element unserer sozialen Marktwirtschaft nicht mehr für alle Gültigkeit hat. Das ist nicht nur frustrierend, sondern auch von großer gesellschaftspolitischer Brisanz. Wer das Gefühl hat, dass auch Höchstleistungen nicht angemessen honoriert werden, wird zwangsläufig das Vertrauen in das dahinterstehende System verlieren. Wer mit dem Eindruck aufwächst und in den Beruf startet, dass es den Entscheidern in unserer Gesellschaft weniger um die Lösung der Probleme der Menschen, sondern mehr um ihren individuellen Machterhalt geht, verliert auf Dauer auch die Überzeugung, dass politische Rahmenbedingungen veränderbar sind.

Die Betriebsparteien müssen deshalb kluge Lösungen entwickeln, wie man auf der einen Seite ältere Beschäftigte gesund erhält, damit sie den Anforderungen ihres Arbeitsplatzes entsprechen können, und auf der anderen Seite einen Wissenstransfer zwischen den Generationen innerhalb eines Betriebs organisiert. Denn mit dem Ausscheiden der langjährigen Mitarbeiter(innen) gehen Know-how, Erfahrungswissen und Betriebskenntnisse verloren. Hier sind zum Beispiel intelligente Arbeitszeitmodelle gefragt, die Jobsharing und generationenübergreifendes Arbeiten an Projekten möglich und attraktiv machen. Das würde den Bedürfnissen der unterschiedlichen Altersgruppen innerhalb der Betriebe gerecht werden und auch aus betriebswirtschaftlicher Sicht viel Sinn ergeben.

Das wissen alle Unternehmen, die mit hohem Aufwand und in guter Qualität berufliche Erstausbildung betreiben. Sie investieren in Ausbildungspersonal, Lehrwerkstätten, Zusatzangebote (Prüfungsvorbereitung, Nachhilfe) und in gute Ausbildungsvergütungen. Das wird zu einer Fehlinvestition, wenn die Auszubildenden am Ende ihrer Ausbildung nicht in unbefristete Beschäftigung übernommen werden und sie somit langfristig und dauerhaft an das eigene Unternehmen gebunden werden. Unter Kostengesichtspunkten ist es hochgradig verantwortungslos, die Ausgelernten auf den Arbeitsmarkt zu entlassen und gleichzeitig viel Geld für die Rekrutierung neuer, externer Arbeitskräfte auszugeben, die Monate brauchen, um sich im Unternehmen und in den Abläufen zurechtzufinden und mit den Produkten und dem (neuen) Betrieb zu identifizieren.

Wir sind fest davon überzeugt, dass gute Ausbildungs- und Arbeitsbedingungen für alle Alters- und Beschäftigtengruppen realisierbar sind. Deshalb engagieren wir uns innerhalb und außerhalb der Betriebe für deren Umsetzung.

D. Alterns- und altersgerechtes Arbeiten betrieblich gestalten

Die demografische Entwicklung und die Anhebung des gesetzlichen Renteneintrittsalters bedingen ein fundmentales Umdenken im Arbeitsprozess.

Um die Gesundheit und das Leistungsvermögen der Mitarbeiterinnen und Mitarbeiter zu erhalten und zu schützen, muss mehr als bisher auf eine optimale Arbeitsplatzgestaltung sowie auf ein betriebliches Gesundheitsmanagement Wert gelegt werden. Präventiv sind Maßnahmen zu treffen, die den gesundheitlichen Verschleiß reduzieren können. Körperlich und psychisch belastende Arbeitsbedingungen müssen auf ein Mindestmaß begrenzt werden. Arbeitsabläufe und Arbeitsorganisation müssen besser darauf abgestellt werden, dass das spezifische Leistungsvermögen älterer Beschäftigter berücksichtigt wird.

Flexible Alterskorridore für Beschäftigte, die unterschiedlich belastenden Tätigkeiten ausgesetzt sind, müssen dringend zur Verfügung gestellt werden. Für die Arbeitnehmerinnen und Arbeitnehmer, die jahrelang bestimmten belastenden Arbeitsbedingungen wie zum Beispiel Schichtarbeit ausgesetzt sind, müssen Perspektiven aufgezeigt werden, die ein früheres, sozialverträgliches Aussteigen aus dem Erwerbsleben ermöglichen.

E. Betriebliche Weiterbildung für alle Beschäftigtengruppen

Beschäftigte haben ein klares Interesse an (inner)betrieblicher Weiterbildung und geben an, bei entsprechender Qualifizierung mehr Leistung erbringen zu können. Sie sehen allerdings vielfach keine ausreichende Personalentwicklung an ihrem Arbeitsplatz. Kontinuierliche Weiterbildung ist in den Unternehmen leider noch nicht die Regel. Der am häufigsten genannte Grund dafür ist Zeitmangel. Nur ein Viertel der Beschäftigten hat 2009 an Fortbildungen teilgenommen. Insbesondere die Gruppen, für die Weiterbildung besonders hilfreich wäre (zum Beispiel Geringqualifizierte, Personen mit Familien- oder Pflegeaufgaben), waren dabei unterdurchschnittlich repräsentiert. Selbst in den Zeiten von Auftragsrückgängen (eigentlich eine günstige Gelegenheit) spielt die Qualifizierung der Beschäftigten keine besondere Rolle. Hinzu kommt, dass die Personalentwicklung in vielen Unternehmen nur auf die erste Hälfte der Erwerbsbiografie ausgerichtet ist. Das Bild, in dem Beschäftigte sich nur in den ersten Jahren weiterentwickeln und dann auf einem bestimmten Qualifikationsstand und einer bestimmten Hierarchiestufe stehen bleiben, prägt diese Form der Investition in Beschäftige nach wie vor.

Die chemische Industrie ist der Innovationsmotor der deutschen Wirtschaft. Um weiterhin effektiv und zukunftsorientiert zu sein, müssen die Arbeitsbedingungen für die Beschäftigten, die an innovativen Prozessen und Produkten arbeiten, stimmen. Nur im Zusammenspiel verschiedener Komponenten lässt sich eine offene, innovationsfreundliche Unternehmenskultur entwickeln.

Weiterbildung muss in Politik und in den Unternehmen zu einem A-Thema werden. Die Differenz zwischen öffentlich formulierten Bekenntnissen und realen Aktivitäten ist aufzulösen.

Sowohl auf die Beschäftigten als auch auf die Arbeitgeber kommen neue Anforderungen in Form einer kontinuierlichen Beteiligung an Fort- und Weiterbildungsmöglichkeiten während ihres gesamten Berufszyklus zu. Wichtig ist, diese Herausforderungen gemeinsam – also mit den Betriebsparteien und den Sozialpartnern – zu gestalten und dabei den Blickwinkel nicht ausschließlich auf den Nutzen für das Unternehmen zu legen.

Ein erfolgreiches betriebliches Wissensmanagement beinhaltet alle Faktoren, die die Innovationsfähigkeit von Unternehmen stärken. Dabei geht es um deutlich mehr als um Anpassungsqualifizierungen. Gerade die hochtechnologischen Bereiche der chemischen Industrie, die einem massiven Wandel der Qualifikationsanforderungen ausgesetzt sind, brauchen eine Qualifizierungsinitiative, die lebensbegleitendes Lernen beinhaltet, alle Beschäftigtengruppen unabhängig von Sozialstatus, Geschlecht, Nationalität mit einbezieht und den Anforderungen von Betrieb und Gesellschaft gerecht wird. Die eigene Motivation und die individuellen Qualifikationswünsche der Beschäftigten sollten dabei Berücksichtigung finden.

Lebensbegleitendes Lernen und Wissenstransfer können jedoch nicht nur durch (externe) Weiterbildungsmaßnahmen gefördert werden, sondern werden auch durch eine lernförderliche Arbeitsorganisation unterstützt. Wechselnde Tätigkeiten, gemischte Teams und neue Arbeitsaufgaben bauen die Lernfähigkeit aus und verbreitern Wissen. Mit professionell begleiteten Lerneinheiten am Arbeitsplatz und Inhouse-Informationsveranstaltungen kann außerdem ein Lernen im Arbeitsprozess angeregt werden, ohne dass die Schwelle zu verschulten Maßnahmen überwunden werden muss. Gerade bildungsfernen Beschäftigtengruppen kommen diese Formen des Lernens sehr entgegen.

Die Sozialpartner der chemischen Industrie waren auch in dieser Frage Vorreiter. Im Tarifvertrag „Lebensarbeitszeit und Demografie" wurde die betriebliche Weiterbildung ausdrücklich als eines der zentralen Handlungsfelder beschrieben. Die Betriebsparteien können mit Unterstützung unserer gemeinsamen Chemie-Stiftung Sozialpartner-Akademie (CSSA) in einem vom Europäischer Sozialfonds und Bundesministerium für Arbeit und Soziales geförderten Projekt WICI (Weiterbildungsinitiative in der chemischen Industrie) konkrete Zielsetzungen hierzu erarbeiten. Diese Aktivitäten werden im Zeitraum von 2010 bis 2013 durchgeführt. Das Projekt „Altersgemäßes Arbeiten" entwickelt im Zusammenhang mit der Umsetzung des Demografie-Tarifvertrages einige qualitative Umsetzungselemente. In einem Unternehmen haben praktische Lernübungen mit den Beschäftigten in einem Teil der Produktion stattgefunden, die dokumentieren sollen, wie das Lernen von lernentwöhnten Arbeitnehmerinnen und Arbeitnehmern möglich ist.

In einem weiteren Projekt unterstützen IG BCE-Berater(innen) bei der Planung und Durchführung von Weiterbildung. In fünf Schritten (Analyse, Identifizierung sinnvoller Ansätze, Partner(innen) und Unterstützer(innen) gewinnen, Maßnahmen planen und umsetzen und Ergebnisse überprüfen) werden Fakten und Maßnahmen zusammengetragen und diskutiert und sinnvolle Umsetzungsschritte vereinbart. So können passgenaue Konzepte für den Betrieb erstellt und auf Wunsch auch begleitet werden. Es gibt also bereits eine Reihe guter Ansätze.

F. Gleiche Chancen und Berufsperspektiven für Frauen und Männer

Das traditionelle Rollenbild zwischen Frauen und Männern wandelt sich zwar stetig, aber nur langsam. Auch von betrieblicher Geschlechtergerechtigkeit kann nach wie vor keine Rede sein. Wir brauchen tatsächliche Chancengleichheit mit gleichen Berufsperspektiven und Aufstiegschancen für Frauen und Männer.

Mehr Frauen in Führungspositionen zu haben geht einher mit einer veränderten Akzentsetzung bei der Gestaltung von Arbeitsbedingungen und Berufsperspektiven. Unter anderem deshalb hat die IG BCE zwei Projekte zum Thema „Frauen in Führung" gestartet. Hier werden verschiedene Instrumente zur Personalentwicklung gezielt für Frauen untersucht und eingesetzt, um ihren Anteil an Führungspositionen deutlich zu erhöhen.

Geschlechtergerechtigkeit bedeutet auch gleiche Aufstiegschancen und gleiche Entlohnung. Hier müssen Arbeitgeber und Betriebsräte betriebliche Mechanismen und nachvollziehbare Prozesse implementieren und kommunizieren. Der seit einigen Jahren auch in Deutschland genutzte Equal Pay Day ist ein wichtiger Schritt zu mehr Öffentlichkeit bei diesem Thema. Er beschreibt die Entgeltunterschiede zwischen Frauen und Männern (aktuell sind es in Deutschland durchschnittlich 23 Prozent) und ruft in verschiedenen Veranstaltungen und öffentlichen Events zum Handeln auf. Mit der „Charta zu mehr Chancengerechtigkeit auf dem Arbeitsmarkt" hat die IG BCE sich positioniert. Darüber hinaus sind wir im Beirat des Bundesministeriums für Familie, Senioren, Frauen und Jugend zu Logib-D vertreten. Mit diesem Instrument können betriebliche Entgeltanalysen durchgeführt werden. Auch wir sind gefordert zu prüfen, ob es diese Entgeltunterschiede gibt und wenn ja, welche Ursachen sie haben, um dann gemeinsam zu handeln.

Bessere Vereinbarkeitsmöglichkeiten von Beruf und Familie für beide Elternteile durch veränderte betriebliche Rahmenbedingungen, wie zum Beispiel Unterstützung im Bereich der Kinderbetreuung, entsprechendes Führungskräfteverhalten und verschiedene Anreizsysteme, nehmen auch hier eine Schlüsselrolle ein. Gute – in der Regel sogar besser – ausgebildete junge Frauen betrieblich nicht zu fördern und ihre Kompetenz nicht ausreichend zu berücksichtigen, ist eine Verschwendung von Humankapital und -potenzial, die unbedingt vermieden werden muss.

Wer mit gezielten Maßnahmen zur Förderung von jungen Frauen in gewerblich-technischen Berufen das Berufswahlverhalten verändert, ist einen entscheidenden Schritt voraus. Den Girls' Day – Mädchenzukunftstag gibt es seit 2001. Inzwischen haben 800.000 Schülerinnen daran teilgenommen. Die Sozialpartner unterstützen mit Aufrufen und verschiedenen Materialien die betriebliche Umsetzung. Genau der richtige Schritt, um die weibliche Nachwuchsrekrutierung auf neue Beine zu stellen und den Anteil von Frauen an den sogenannten MINT-Berufen zu steigern.

G. Work-Life-Balance als betriebliche Gestaltungsaufgabe

Es gilt, die Arbeits- und Lebensfähigkeit gleichermaßen zu erhalten. Neue Arbeitsorganisationsmodelle (Arbeitszeit, -teilung, -berechtigungen etc.), Unternehmensgrundsätze und Kommunikationsabläufe müssen daher die Aufgaben wie auch die Freiräume der Beschäftigten transparent machen. Flexibilisierte Arbeitszeiten unterliegen dem Prinzip des gegenseitigen Vertrauens und müssen somit Flexibilisierungsansprüche der Beschäftigten ebenso berücksichtigen wie die des Unternehmens. Die tariflich vereinbarte Arbeitszeit muss dabei bindend bleiben. Zusätzliche Belastungen, die aus Überstunden oder einer vorübergehenden erweiterten Zeitautonomie erwachsen, können beispielsweise durch zusätzliche Pauschalen auf Langzeitkonten oder durch zusätzliche Urlaubs-/Freizeitangebote honoriert werden. Zeitwertguthaben aus Langzeitkonten dürfen nicht ausgezahlt, sondern können in Weiterbildungszeit, Familien- und Pflegezeit, Altersteilzeit oder zusätzliche Erholungszeit investiert werden.

Wer neben seiner beruflichen Verpflichtung soziale und familiäre Verantwortung trägt, darf nicht als „eingeschränkt einsatzfähig" diskriminiert werden, sondern muss vielmehr als wichtiger Leistungsträger gefördert werden. Eine familienbewusste Personalpolitik anerkennt diese Leistungsträger, wie zum Beispiel Eltern und Pflegende, und bindet sie als wichtige Fachkräfte. So kann eine neue Balance zwischen Arbeit und Leben für den Fortschritt in Wirtschaft und Gesellschaft beitragen.

Bereits 2006 hat die IG BCE deshalb die Kampagne „Familienbewusste Personalpolitik – Eltern sind Leistungsträger" gestartet. Es ging uns vor allem darum, in den Unternehmen für das Thema zu sensibilisieren, betriebliche Aktivitäten anzustoßen und zu unterstützen sowie im Betrieb und in der Gesellschaft eine Lobby für Eltern und Pflegende zu schaffen. Annähernd 100 neue Aktivitäten, insgesamt sechs Tarifverträge, zwei Servicebüros, die Sozialpartnervereinbarung „Für eine chancengleiche und familienbewusste Personalpolitik" mit dem Bundesarbeitgeberverband Chemie und der Tarifvertrag Lebensarbeitszeit und Demografie, der die Vereinbarkeit von Beruf und Familie als ausdrückliches Handlungsfeld beschreibt, belegen, dass wir mit dieser Initiative richtig liegen. Unsere Erfahrung dabei ist, dass oft mit kleinen Maßnahmen große Schritte voran gemacht werden können; es braucht nicht immer den „großen Wurf". Zentraler Ausgangspunkt sind aber immer die betrieblichen Bedingungen.

Die IG BCE engagiert sich bundesweit auch in einer Vielzahl von regionalen Bündnissen für Familien. Hier finden vor allem Klein- und Mittelbetriebe Mitstreiter und Partner bei der Umsetzung familienbewusster Personalpolitik.

Im letzten Jahr sind auf Einladung der Bundeskanzlerin Dr. Angela Merkel und Bundesfamilienministerin Dr. Kristina Schröder Vertreter (-innen) von Wirtschaftsverbänden, Gewerkschaften und Unternehmen zum Spitzengespräch „Zur richtigen Zeit am richtigen Ort – Initiative Familienbewusste Arbeitszeiten" in Berlin zusammengekommen, um unter der Beteiligung von IG BCE und BAVC für eine familienfreundliche Arbeitszeitgestaltung in Deutschland zu werben. In der Diskussionsrunde tauschte sich die Bundesfamilienministerin mit 31 ausgewählten Wirtschafts- und Arbeitnehmervertreter(innen) über eine flexible Arbeitszeitgestaltung aus, mit der Arbeitgeber die Beschäftigten bei der Vereinbarkeit von Familie und Beruf unterstützen können. Am Ende der Veranstaltung verständigten sich alle Beteiligten auf die Charta für mehr familienbewusste Arbeitszeiten.

Als Sozialpartner haben wir auch bei diesem Thema die Nase vorn. Im gemeinsamen Arbeitskreis Chancengleichheit haben wir eine Reihe von Materialien auf den Weg gebracht, die die Unternehmen bei der Umsetzung unterstützen. Dabei haben wir von Anfang an auch das Thema Pflege von Angehörigen in den Blick genommen.

Übrigens: Wer andere auffordert sich zu engagieren, muss sich auch selbst dem Thema stellen. Die IG BCE hat sich 2006 nach dem audit berufundfamilie zertifizieren lassen und lebt die Vereinbarkeit auch nach innen.

H. Wertschätzung und Anerkennung sind gute betriebliche Anreizsysteme

Lohn und Gehalt können als Tauschhandel auf einem Markt verstanden werden. Sie sind damit Gegenstand von Verhandlungen. Sie sind aber zugleich auch der direkteste Ausdruck der Wertschätzung von Arbeit, da die Qualität der Arbeitskraft auch ihren Tauschwert erhöht. Neben der quasi marktwirtschaftlichen Betrachtung gibt es also auch mindestens diesen sozialen Aspekt der Lohn- und Gehaltsfragen. Wer bei gleicher Arbeit nicht den gleichen Lohn erhält, fühlt sich um die Prinzipien der Marktwirtschaft betrogen und kann diese geringere Wertschätzung nur als persönliche Abstufung auffassen, mit der daraus folgenden Demotivation. Es ist daher sozial wie marktwirtschaftlich sinnvoll und notwendig, darauf zu achten, dass gleiche Entlohnung für gleiche Tätigkeit erfolgt.

Neben dieser monetären Form der Wertschätzung legen die Beschäftigten in Deutschland jedoch auch einen hohen Wert auf menschliche Anerkennung, das Erleben von Respekt, Würdigung besonderer Leistungen und Ideen sowie Chancengleichheit. Es zeigt sich, dass diese wertschätzenden Faktoren einen hohen Stellenwert haben und damit ebenso wichtige Motivationsfaktoren sind. Damit werden betriebliche Gestaltungsfelder wie Unternehmensleitbild und -kultur, Führungsqualitäten oder Aufstiegschancen zu harten Faktoren der Arbeit.

Der DGB-Index Gute Arbeit[1] unterstützt diese Thesen mit verschiedenen Auswertungen in unterschiedlichen Branchen und Beschäftigtengruppen. In der Chemiebranche beweist die IG BCE ihre Gestaltungskraft und Schutzfunktion gegenüber den Beschäftigten. Allerdings gibt es auch hier Ergebnisse, die deutlich machen, dass viele Arbeitsplätze noch weit entfernt sind von wirklich „Guter Arbeit“. Immer mehr wird aber der Faktor Mensch zum entscheidenden Wettbewerbsvorteil, wenn es um Innovation, Qualität und Logistik geht. „Gute Arbeit“ zu gestal-

1 Der Index ist ein wissenschaftlich fundiertes Instrument zur Erfassung der Arbeitsbedingungen aus Sicht der Beschäftigten. Seit 2007 wird einmal jährlich bundesweit die Arbeitsqualität gemessen.

ten ist daher ebenso den Menschen gegenüber verantwortlich als auch für die Zukunftsfähigkeit eines ganzen Industriezweigs notwendig.

Die Chemiebranche setzt sich in ihrem Gesamtbild positiv von anderen Branchen ab. Die Ergebnisse der Sonderauswertung des Indexes für die chemische Industrie können daher von beiden Sozialpartnern dazu genutzt werden, die gemeinsame Gestaltungsfähigkeit zu verdeutlichen.

Dass außerdem – fast nebenbei – belegt wurde, dass in Unternehmen mit Betriebsräten deutlich bessere Arbeitsbedingungen vorherrschen als in Betrieben ohne Interessenvertretung, hat uns nicht überrascht. Der klare Gestaltungsauftrag wird von unseren Betriebsrät(inn)en angenommen und umgesetzt.

Jeder Manager/jede Managerin mit Entscheidungsbefugnis hat auch die Verantwortung, die „Kunst des Führens“ zu beherrschen. Eine gute Führungskultur beinhaltet Sinn und Richtung, Vertrauen, Hoffnung und Optimismus sowie eine deutliche Ergebnisorientierung.

Deutsche Führungskräfte sind in der Regel sehr aufgabenorientiert und technisch versiert, aber wenig inspirierend und haben häufig eine unzureichende soziale Kompetenz. Diese Anforderungen an Führungsqualität wachsen gerade bei den Beschäftigten, die mit komplexeren Aufgaben betraut sind. Eine Führungsphilosophie, die an veralteten Konzepten festhält, anstatt Neues auszuprobieren, nimmt wirtschaftliche Nachteile in Kauf, demotiviert Beschäftigte und sorgt somit langfristig dafür, dass Fachkräfte zu anderen Unternehmen abwandern.

I. Wirtschaftlicher Erfolg braucht auch eine entwickelte Zivilgesellschaft

Bei zunehmender Arbeitsteilung und -komplexität in den Produktionsprozessen sind soziale Kompetenzen von großer Bedeutung. Disziplin, Zuverlässigkeit, fachliche und Beziehungskommunikation sind überhaupt erst die Voraussetzung dafür, dass moderne Arbeitsabläufe funktionieren. Bei der gleichzeitigen Erhöhung von Arbeitsdichte und den Anforderungen einer Wissensgesellschaft werden außerdem Methodenkompetenzen benötigt, die in Studium und Ausbildung allenfalls indirekt gelehrt werden. Selbstorganisation, Präsentationsfähigkeit, Personalführung oder Stressmanagement sind nur einige der wichtigen Methodenkompetenzen, die modernes Management möglich machen. Diese Grundlagen entstehen erst in einem Umfeld entwickelter sozialer Beziehungen. Sie müssen im Rahmen eines kulturellen Prozesses weitergegeben werden und können nicht wie Maschinen beliebig versetzt werden. Und sie bedürfen der gezielten Förderung von persönlichen Potenzialen. Diese indirekten Produktivitätsfaktoren sind schwer messbar, aber sie müssen Bestandteil einer nachhaltigen Personalpolitik sein, da auf globalisierten Märkten nicht allein ein technischer Wettbewerb ausgetragen wird, sondern auch einer um die besten „Köpfe". Dabei muss klar sein: „Die besten Köpfe" messen sich nicht allein an Wissen und Intelligenz, sondern an der Fähigkeit, diese in einen Gesamtprozess einzubinden.

Nicht nur an dieser Stelle sind die Sozialpartner gefragt, die politischen Rahmenbedingungen mit zu gestalten. Zentrale Aufgaben gemeinsam zu bearbeiten und mit guten Beispielen voran zu gehen, leisten wir unter anderem mit dem Chemie-Sozialpartnernetz und dem Wittenberg-Prozess.

Der Wittenberg-Prozess ist ein breit angelegter Dialog der Chemie-Sozialpartner mit dem Ziel, verantwortliches Handeln in der Sozialen Marktwirtschaft zu fördern. In verschiedenen Workshops und einem Sozialpartnerforum beschäftigen sich Vertreter(innen) aus Unternehmen, Gewerkschaft und Gesellschaft mit den unterschiedlichsten gesellschaftspolitischen Aspekten. Ein zentrales Ergebnis dieser Beratungen ist ein Ethik-Kodex für die chemische Industrie, in dem erstmals gemeinsam formulierte ethische Grundsätze für eine gesamte Branche definiert und festgelegt wurden.

Instrumente zur Umsetzung sind unter anderem verschiedene Workshops und Kolloquien. In den Wittenberg-Workshops verständigen sich die Sozialpartner über zentrale Fragen der Sozialpartnerschaft und der sozialen Marktwirtschaft und erarbeiten gemeinsame Positionierungen. In den Kolloquien sollen die Anzahl der Akteure in den Unternehmen vergrößert und so unter anderem Botschafter für den Wittenberg-Prozess gewonnen werden.

Die Internetplattform www.chemie-sozialpartner.de soll die Betriebsparteien bei der Umsetzung ihrer Themen im Unternehmen unterstützen und mit guten Praxisbeispielen Ideen zum betrieblichen Handeln geben. Sie hat sehr praktische Anhaltspunkte, dient als Beleg für eine gelungene Sozialpartnerschaft und beweist darüber hinaus die Attraktivität der Branche.

J. Flächentarifverträge sind die zentrale Grundlage betrieblicher Gestaltungsmöglichkeiten

Grundlage eines modernen und funktionierenden Flächentarifvertrages ist seine Flexibilität. Diese ermöglicht es, dass unterschiedlichste betriebliche Bedürfnisse und Gestaltungsmöglichkeiten abgedeckt werden können. Flexibilität kann allerdings kein einseitiges Instrument sein. Und vor allem eine erfolgreiche Unternehmenskultur kann nicht allein darauf gerichtet sein, Kostenreduzierung durch Senkung der Personalkosten zu betreiben. So erfordert die Nutzung der tariflichen Gestaltungsmöglichkeiten wie beispielsweise die Öffnungsklauseln einen beiderseitigen Nutzen. Ohne konzeptionelles und strategisches Handeln auf Arbeitgeberseite stellt es kein langfristig geeignetes Instrument dar.

Die Chemie-Sozialpartner haben den richtigen Weg eingeschlagen. Unterschiedliche Flexibilisierungsinstrumente haben – nicht nur in Krisenzeiten – Unternehmen und Betriebsräten die Möglichkeit gegeben, betriebsspezifische Regelungen zu finden und somit schwierige Situationen abzufedern.

Trendsetter sind wir auch bei weiteren zentralen Gestaltungsfragen. Der Tarifvertrag „Lebensarbeitszeit und Demografie“ bietet den Betriebsparteien gute Chancen – angepasst an die jeweilige Beschäftigtenstruktur –, Handlungsfelder zum Thema demografischer Wandel zu beschreiben, umzusetzen und somit ein schlüssiges unternehmerisches Konzept mit Perspektiven für die Zukunft zu eröffnen. Die sogenannte Chemieformel greift die Herausforderungen der alternden Gesellschaft auf und versucht mit Hilfe des Elements Demografieanalyse, verschiedene Maßnahmen zur alters-, alterns- und gesundheitsgerechten Gestaltung der Arbeitsprozesse, zur Qualifizierung, zur (Eigen-)Vorsorge und Nutzung flexibler Instrumente für einen gleitenden Übergang in die Rentenphase betrieblich zu regeln. Mit Veranstaltungen und Beratungen unterstützen wir die betriebliche Umsetzung.

... und die Moral von der Geschichte?

Wer das eigene Schiff rechtzeitig auf Kurs bringt, übersteht alle noch so dichten Nebelbänke, kann scheinbar unbeeinflussbaren Entwicklungen gelassen gegenüberstehen, umschifft elegant eventuell auftauchende Eisberge und bewegt sich so sicher auf hoher See.

Wichtig ist: Die richtige Navigation muss jetzt erfolgen. Dabei ist zu berücksichtigen, dass der richtige Kurs gesetzt wird und dass die verschiedenen Wegstrecken gut aufeinander abgestimmt sind.

Diese durchaus komplexe Vorgehensweise stellt nicht nur die kleinen Unternehmen vor große Herausforderungen, denn dem Fachkräftemangel gelassen zu begegnen, erfordert erhebliche Anstrengungen. Sich bewusst zu machen, dass es schon eine Reihe von guten Ansätzen in den Unternehmen gibt, kann aber die Aufgabe durchaus erleichtern.

Die IG BCE ist ein verlässlicher Partner dabei!

Unternehmensumfrage zum Fachkräftemangel

Zusammenfassung der wichtigsten Ergebnisse

Arbeitgeberverband Chemie und verwandte Industrien für das Land Hessen e.V., Stand November 2011

Es beteiligten sich 70 Mitgliedsunternehmen der HessenChemie mit 42 Prozent der Beschäftigten im Verbandsbereich[1]. Die wesentlichen Ergebnisse in der kommentierten Zusammenfassung:

Betroffenheit durch Fachkräftemangel

1. Der Fachkräftemangel hat die Unternehmen der hessischen Chemie erreicht. Jeweils knapp die Hälfte der befragten Unternehmen gibt an, bereits heute akut von Fachkräftemangel betroffen zu sein beziehungsweise einen Mangel bei bestimmten Berufen/Funktionen in absehbarer Zeit zu erwarten, auch wenn dies derzeit noch nicht spürbar ist.

2. Der weit überwiegende Teil der Unternehmen registriert vor allem einen Mangel an Fachkräften für die Bereiche Produktion und Instandhaltung sowie bei Akademikern in Ingenieursberufen. Konkret wurden zum Beispiel Chemotechniker und Ingenieure der Verfahrenstechnik, Personal für die technische Produktentwicklung oder Chemikanten genannt.

   Gut ein Drittel der Unternehmen berichtet über Schwierigkeiten bei der Suche nach naturwissenschaftlichen Akademikern. Rund 25 Prozent der Unternehmen sehen Engpässe bei Akademikern der IT-Berufe. Für kaufmännische Berufe werden kaum Besetzungsschwierigkeiten gesehen.

1 Die absoluten und prozentualen Ergebnisse der einzelnen Fragen beziehen sich in ihrer Grundgesamtheit nicht zwangsläufig auf alle teilnehmenden, sondern lediglich auf die antwortenden Unternehmen. Darüber hinaus sind Fragen mit der Möglichkeit zur Mehrfachnennung zu beachten. Ungewichtete Prozentangaben (ungew.) geben das Verhältnis der einzelnen Nennungen zu allen für eine Antwort abgegebenen Nennungen wieder. Gewichtete Prozentangaben (gew.) beziehen sich auf den Beschäftigtenanteil der nennenden Unternehmen an den Beschäftigten aller teilnehmenden Unternehmen.

3. Mehr als drei Viertel der Unternehmen erwarten künftig als Folge des demografischen Wandels eine signifikante Verschärfung des Fachkräftemangels.

Auswirkungen des Fachkräftemangels

4. In der Personalarbeit wird die Verknappung an Fachkräften zuerst in längeren Personalauswahlverfahren sichtbar, zwei Drittel berichten über ein sinkendes Aufkommen an Bewerbungen; bereits 40 Prozent klagen über dauerhafte Vakanzen. 41 Prozent der Unternehmen geben an, für einzelne ausgeschriebene Positionen überhaupt keine Bewerbungen erhalten zu haben.

   Der Großteil der Befragten moniert, dass viele Bewerber die jeweiligen Anforderungsprofile nicht erfüllen, wofür in den meisten Fällen die mangelnde Fachkompetenz Ursache sei. Im Vergleich zu kleinen Unternehmen heben große Unternehmen[2] die mangelnde Mobilität – 39 Prozent – als Hemmnis im Einstellungsprozess hervor.

5. Den Fachkräftemangel verschärfen könnte nach Auffassung aller befragten Unternehmen die vergleichsweise geringe Bekanntheit des Unternehmens beziehungsweise seiner Produkte. Die kleineren Unternehmen – 47 Prozent im Vergleich zu 20 Prozent bei Großunternehmen – befürchten, dass es ihnen an attraktiven Karriereangeboten mangeln könnte oder sie die Vergütungsforderungen der Bewerber nicht erfüllen können.

6. Bei den möglichen Auswirkung des Fachkräftemangels auf das Geschäft rangiert, bezogen auf alle beteiligten Unternehmen, die Sorge an erster Stelle, neue Produkte nicht schnell genug entwickeln oder vermarkten zu können. Bei größeren Unternehmen wird noch häufiger genannt, den Standard an Servicequalität nicht zu halten (59 Prozent). Die Hälfte der kleineren Unternehmen bewegt dagegen, neue Märkte nicht erschließen zu können beziehungsweise als Folge des Fachkräftemangels Umsatzeinbußen hinnehmen zu müssen (42 Prozent).

2 Für die Bezeichnung von größeren und kleineren Unternehmen ist die Grenze von 500 Mitarbeitern ausschlaggebend.

7. Den größten Hebel, um den Fachkräftemangel in den Griff zu bekommen, sehen die befragten Unternehmen im Bildungssystem. Annähernd 40 Prozent der Befragten sehen vorrangig sich selbst in der Pflicht, dem Fachkräftemangel beizukommen. Vonseiten der Politik – die Bildungspolitik ausgenommen – und der Verbände werden kaum wirksame Impulse erwartet.

8. Zwei Drittel der an der Umfrage beteiligten Unternehmen nennen „vorausschauendes Ausbilden“ als besonders Erfolg versprechende Maßnahme, um Fachkräftemangel abzuhelfen. Danach folgen Maßnahmen wie die Verbesserung schulischer Berufsorientierung (von der Hälfte der kleineren Unternehmen genannt), die Verbesserung des Images von MINT-Berufen sowie ein stärkeres eigenes Engagement an Schulen und Hochschulen (50 Prozent der größeren Unternehmen). Nicht einmal ein Fünftel der Unternehmen erwartet von der politischen Förderung des Zuzugs qualifizierter Spezialisten eine Verbesserung der Situation.

9. Die Rekrutierungskanäle von Fachkräften sind heute durch das Internet dominiert: Am häufigsten wurden die Rekrutierungswege „Anzeigen auf Internet-Job-Portalen“ und „Anzeigen auf der Unternehmens-Homepage“ genannt. Drei Viertel der Unternehmen nutzen das „klassische“ Instrument der Zeitungsanzeige und gut 70 Prozent schalten Personalberater ein. Insbesondere kleinere Unternehmen (61 Prozent) wenden sich auch an die Arbeitsagentur.

   Als besonders Erfolg versprechend sehen die Unternehmen die „Anzeigen auf Internet-Job-Portalen“ (60 Prozent), die „Kooperation mit Hochschulen“ (49 Prozent) sowie „Anzeigen auf der Unternehmens-Homepage“ und die Einschaltung von Personalberatern (jeweils 46 Prozent) an. Als wenig Erfolg versprechend gelten die „Berücksichtigung weniger qualifizierter Bewerber“, die „Suche in sozialen Netzwerken“, „Zeitungsanzeigen“ sowie die Inanspruchnahme der Agentur für Arbeit. Kleinere Unternehmen trauen „Mitarbeiterempfehlungsprogrammen“ deutlich weniger zu (20 Prozent), als größere Unternehmen (47 Prozent) dies tun.

10. Welche Strategien ziehen Unternehmen in Betracht, um Fachkräfteengpässe zu überbrücken oder zu kompensieren? Mit Abstand auf den ersten beiden Positionen rangieren die „gezielte eigene betriebliche Ausbildung“ und die „systematische Personalentwicklung“

(genannt von 79 beziehungsweise 73 Prozent der beteiligten Unternehmen). Zwischen 39 und 44 Prozent der Unternehmen nannten außerdem die Punkte „ältere Mitarbeiter halten/Beraterverträge", „Angebote zur Vereinbarkeit von Beruf und Familie", „Verstärkte Zusammenarbeit mit Zeitarbeitsfirmen" und „Förderung der Arbeitgeberattraktivität". Ein bedeutender Unterschied zeigt sich bei der Einschätzung der Strategie „Angebote zur Vereinbarkeit von Beruf und Familie" nach Größenklassen: Kleinere Unternehmen ziehen diese Strategie zu einem deutlich geringeren Teil (39 Prozent) in Betracht als größere Unternehmen (65 Prozent).

Die detaillierten Auswertungsergebnisse:

Betroffenheit durch Fachkräftemangel

1. Welche Bedeutung hat der (befürchtete) Fachkräftemangel für Ihr Haus?

		ungew.	gew.
Wird uns auf absehbare Zeit nicht treffen	4	5,8%	0,5%
Wir sind noch nicht betroffen, erwarten aber einen Mangel in bestimmten Berufen/Funktionen	32	46,4%	38,7%
Ist bereits heute akut	33	47,8%	60,8%

2. In welchen Berufs-/Funktionsbereichen spüren bzw. erwarten Sie Fachkräftemangel?

Fachkräfte	Kaufmännisch	11	20,0%	5,4%
	Produktion/Instandhaltung	49	89,1%	95,9%
	IT	16	29,1%	22,6%

Akademiker	Kaufmännisch	10	16,9%	11,6%
	Naturwissenschaftlich	20	33,9%	44,7%
	Ingenieure	51	86,4%	94,0%
	IT	15	25,4%	16,4%

3. Erwarten Sie durch den demografischen Wandel eine signifikante Verschärfung des Fachkräftemangels?

Ja	52	78,8%	92,1%
Nein	14	21,2%	7,9%

Auswirkungen des Fachkräftemangels

4a) Falls Sie durch Fachkräftemangel betroffen sind: Welche Auswirkungen hat dies auf Ihre Personalarbeit?

Weniger Bewerbungen	42	66,7%	87,3%
Personalsuche dauert deutlich länger	58	92,1%	97,8%
Es entstehen (dauerhaft) Vakanzen	25	39,7%	43,6%

4b) Registrieren Sie im Einstellungsprozess vermehrt folgende Trends?

(Mehrfachnennungen möglich)

Bewerber passen nicht auf das Anforderungsprofil	56	84,8%	89,3%
Mangelnde Fachkompetenz	42	63,6%	64,2%
Mangelnde Sozialkompetenz	21	31,8%	43,2%
Keine Bewerber für die gesuchte Stelle	27	40,9%	30,7%
Bewerber erfüllen nicht die formalen Anforderungen	24	36,4%	49,6%
Zu hohe Gehaltserwartungen	23	34,8%	23,9%
Mangelnde Mobilität	15	22,7%	43,1%
Unterschiedliche Vorstellungen zu Arbeitszeiten	3	4,5%	2,0%
Anforderungen aus besonderen familiären Verhältnissen	2	3,0%	0,2%
Passten nicht zur Altersstruktur des Unternehmens	6	9,1%	6,8%

5. Welche weiteren Faktoren können den Fachkräftemangel speziell für Ihr Unternehmen verschärfen?

Unternehmensgröße	20	33,9%	10,9%
Mangelnde Karriereangebote	25	42,4%	35,4%
Wenig attraktiver Standort	17	28,8%	43,4%
Geringe Bekanntheit des Unternehmens/der Produkte	26	44,1%	54,0%
Vergütungsforderungen von Bewerbern	23	39,0%	23,5%

6. Welches sehen Sie als realistische oder mögliche Auswirkungen des Fachkräftemangels auf Ihr Geschäft an? (Mehrfachnennungen möglich)

Schlechtere Servicequalität	24	40,0%	44,7%
Schlechtere Produktqualität	13	21,7%	18,5%
Ablehnung von Aufträgen	18	30,0%	27,3%
Umsatzeinbußen	25	41,7%	25,6%
Neue Märkte können nicht erschlossen werden	27	45,0%	28,8%
Neue Produkte können nicht schnell genug entwickelt und vermarktet werden	35	58,3%	62,3%
Einzelne Teile des Unternehmens werden in andere Länder ausgelagert	13	21,7%	35,9%

Strategien gegen Fachkräftemangel

7. In welchem Bereich sehen Sie den größten Hebel, um dem Fachkräftemangel beizukommen?

Unternehmen	22	37,9%	18,7%
Politik	11	19,0%	36,7%
Bildungssystem	25	43,1%	44,6%
Verbände	-	0,0%	0,0%

8. Welche Maßnahmen sehen Sie als besonders Erfolg versprechend an, um Fachkräftemangel vorzubeugen / zu beseitigen? (2 Maßnahmen maximal)

Verbesserung schulischer Berufsorientierung	30	44,1%	35,1%
Stärkeres Engagement von Unternehmen in Schulen und Hochschulen	24	35,3%	41,1%
Vorausschauendes Ausbilden	44	64,7%	40,1%
Das Image von MINT-Berufen muss verbessert werden	27	39,7%	49,4%
Politische Förderung des Zuzugs von qualifizierten Spezialisten	13	19,1%	35,9%

9a) Welche Rekrutierungskanäle für Fachkräfte nutzen Sie bereits heute?

Zeitungsanzeigen	50	74,6%	81,0%
Agentur für Arbeit	36	53,7%	25,8%
Personalberater	48	71,6%	85,8%
Traineeprogramme	19	28,4%	69,0%
Kooperationen mit Hochschulen	28	41,8%	71,3%
Jobbörsen/Jobmessen	35	52,2%	79,6%
Stellenanzeigen auf der Unternehmens-Homepage	54	80,6%	94,0%
Anzeigen auf Internet-Jobportalen	55	82,1%	92,9%
Mitarbeiterempfehlungsprogramme	16	23,9%	18,5%
Suche in sozialen Netzwerken	16	23,9%	33,0%
Berücksichtigung weniger qualifizierter Bewerber	7	10,4%	6,8%

9b) Welche Rekrutierungskanäle für Fachkräfte sehen Sie als erfolgversprechend an?

Zeitungsanzeigen	15	23,8%	13,0%
Agentur für Arbeit	8	12,7%	4,0%
Personalberater	29	46,0%	29,6%
Traineeprogramme	21	33,3%	50,5%
Kooperationen mit Hochschulen	31	49,2%	61,2%
Jobbörsen / Jobmessen	22	34,9%	72,1%
Stellenanzeigen auf der Unternehmens-Homepage	29	46,0%	72,6%
Anzeigen auf Internet-Jobportalen	38	60,3%	80,4%
Mitarbeiterempfehlungsprogramme	16	25,4%	62,2%
Suche in sozialen Netzwerken	14	22,2%	38,6%
Berücksichtigung weniger qualifizierter Bewerber	4	6,3%	1,9%

10. Welche hausinternen Strategien zur Kompensation von Fachkräfteengpässen ziehen Sie in Betracht?

Innerbetriebliche Reorganisation	21	31,8%	17,9%
Ältere Mitarbeiter halten / Beraterverträge	26	39,4%	23,4%
Gezielte eigene betriebliche Ausbildung	52	78,8%	75,9%
Systematische Personalentwicklung	48	72,7%	91,5%
Angebote zur Vereinbarkeit von Familie und Beruf	29	43,9%	78,6%
Gezielte Frauenförderung	11	16,7%	43,6%
Einstellung älterer Arbeitnehmer	21	31,8%	25,6%
Verstärkte Zusammenarbeit mit Zeitarbeitsfirmen	26	39,4%	20,3%
Förderung der Arbeitgeberattraktivität	28	42,4%	81,3%
Mitarbeiterbindungsprogramme	21	31,8%	49,4%

Die Steigerung des Fachkräfteangebots erfordert eine gemeinschaftliche Aktion verschiedener Akteure

Führende Rolle
Wichtige Rolle
Mitwirkung

Handlungsfeld	Bund	Länder	Kommunen	BA	Tarifpartner	Unternehmen	Andere
Schulabbrecher		Führende Rolle	Wichtige Rolle	Wichtige Rolle			
Ausbildungsabbrecher		Wichtige Rolle		Wichtige Rolle		Führende Rolle	IHK / Arbeitgeberverbände (Mitwirkung)
Studienabbrecher	Wichtige Rolle	Führende Rolle	Wichtige Rolle	Wichtige Rolle		Mitwirkung	Univ. / Angehörige (Führende Rolle)
Menschen über 55							
- Erwerbspartizipation	Wichtige Rolle			Wichtige Rolle	Wichtige Rolle	Führende Rolle	
- Lebensarbeitszeit	Wichtige Rolle		Wichtige Rolle	Mitwirkung	Führende Rolle	Wichtige Rolle	DRV Bund (Wichtige Rolle)
Frauen							
- Erwerbspartizipation	Wichtige Rolle		Wichtige Rolle	Mitwirkung	Führende Rolle	Führende Rolle	
- Arbeitszeit von Teilzeitbeschäftigten			Wichtige Rolle	Wichtige Rolle	Wichtige Rolle	Führende Rolle	GKV, PKV (Wichtige Rolle)
Zuwanderung von Fachkräften	Führende Rolle		Wichtige Rolle	Wichtige Rolle	Wichtige Rolle	Mitwirkung	
Diversity Management	Mitwirkung				Wichtige Rolle	Führende Rolle	
Arbeitszeit von Vollzeitbeschäftigten	Wichtige Rolle				Führende Rolle	Wichtige Rolle	
Ausbildung, Qualifizierung, Lebenslanges Lernen	Mitwirkung	Mitwirkung	Wichtige Rolle	Führende Rolle	Wichtige Rolle	Führende Rolle	IHK / Arbeitgeberverbände (Wichtige Rolle)
Arbeitsmarkttransparenz	Wichtige Rolle			Führende Rolle		Wichtige Rolle	
Marketing							
- Attraktivität von MINT-Berufen	Wichtige Rolle	Wichtige Rolle		Mitwirkung	Führende Rolle	Wichtige Rolle	Verbände (Wichtige Rolle)
- Ausprägung einer Arbeitgebermarke			Wichtige Rolle		Mitwirkung	Führende Rolle	
- Regionale Allianzen		Wichtige Rolle	Führende Rolle		Mitwirkung	Wichtige Rolle	Stiftungen (Wichtige Rolle)

Quelle: In Anlehnung an Bundesagentur für Arbeit - Perspektive 2025

Die Autoren und Herausgeber

Alexander Baumann ist seit 2009 geschäftsführender Gesellschafter der jobcluster Deutschland. In dieser Funktion berät er auf Top-Management-Ebene Kunden bei den Themen „Zukunftsorientierte Personalbeschaffung" sowie „praktisches Employer Branding". Nach seinem betriebswirtschaftlichen Studium war er seit 1987 in unterschiedlichen strategischen und operativen Funktionen auf Geschäftsleitungs- und Vorstandsebene aktiv.

Kai Berendes, Dr. rer. pol., ist ausgewiesener Experte für den Bereich strategische Unternehmensplanung mit Schwerpunkt Personal. Als Partner am Malik Management Zentrum St. Gallen begleitete er zahlreiche Projekte im Bereich der strategischen Personalplanung, die unter anderem mit dem Deutschen Personalwirtschaftspreis und dem ASCO (Association Swiss) Gewinnerzertifikat ausgezeichnet wurden. Im Unternehmensnetzwerk ddn – Das Demographie Netzwerk – leitet er den Arbeitskreis „Strategische Personalplanung" seit seiner Gründung. Aktuell entwickelt Kai Berendes als Executive Partner bei der Softwareschmiede Dynaplan As Planungswerkzeuge und Modelle für den erfolgreichen Umgang mit Komplexität auf Basis der Methode der Szenariosimulation. Darüber hinaus ist er Lehrbeauftragter an der Universität St. Gallen (HSG).

Manfred Brock ist Geschäftsführer von Erfahrung Deutschland und studierter Betriebswirt. Er war mehr als ein Vierteljahrhundert lang Manager im Vertrieb von IT-Produkten und Lösungen bei IBM, Nixdorf und Siemens. Seit Beginn des neuen Jahrtausends ist Manfred Brock selbstständig als Personal- und Unternehmensberater. Sein Schwerpunkt ist die Direktsuche von Führungskräften und Potenzialanalysen. Ab 2008 arbeitete er insbesondere für mittelständische Unternehmen in Sachen Age Diversity an der Wiedergewinnung von Expertenwissen. 2010 wurde er Geschäftsführer von Erfahrung Deutschland.

Herbert Brücker, Prof. Dr. rer. pol., Volkswirt, ist seit 2005 Forschungsbereichsleiter (Internationale Vergleiche und Europäische Integration) im IAB und seit 2008 Professor für Volkswirtschaftslehre an der Universität Bamberg. Er studierte Soziologie, Politik und Volkswirtschaftslehre an der Universität Frankfurt a. M. und promovierte an der gleichen Universität 1994 in Wirtschaftswissenschaften. Im Jahr 2005 habilitierte er sich in Volkswirtschaftslehre an der Technischen Universität Berlin. Herbert Brücker war wissenschaftlicher Mitarbeiter an der Universität Frankfurt, am Deutschen Institut für Entwicklungspolitik (DIE) und am Deutschen Institut für Wirtschaftsforschung (DIW) sowie Gastprofessor an der Aarhus School of Business. Seine Forschungsschwerpunkte sind internationale Migration, Arbeitsmärkte und Europäische Integration.

Jürgen Büscher studierte Sozialmanagement und Sozialwissenschaften. Er ist Gesellschafter der BKP GbR in Bochum und seit über 12 Jahren als Berater für Peronalentwicklungsprojekte tätig. Seit 2004 ist er Lehrbeauftragter der ev. Fachhochschule Bochum für Blended Learning Konzepte. Mit der BKP hat er unter anderem den Wissenstransferprozess „Nova.PE“ mitentwickelt. Im Rahmen von Projekten zur Wissenstransfer- und Nachfolgeplanung unterstützt er seit 2005 Unternehmen bei der Implementierung von strukturierten Wissenstransferprozessen, Risikoscreenings und Perspektiv-Coachings 55plus. Seit 2006 ist er Mitglied im Demographie Netzwerk (ddn).

Oliver Dany, Dr. phil., arbeitet seit 1998 im Frankfurter Büro der Boston Consulting Group (BCG) und ist als Partner und Managing Director für Banken tätig. Besondere Schwerpunkte seiner Arbeit bilden die Restrukturierung von Banken und die Entwicklung des Firmenkundengeschäfts. Letzteres verantwortet er innerhalb BCG europaweit. Nach seinem Studium der klassischen Philologie und der alten Geschichte an der Universität Oxford promovierte er in alter Geschichte an der Ludwig-Maximilians-Universität in München. Rund zwei Jahre nach dem Einstieg bei BCG nahm Oliver Dany eine Auszeit und erwarb zusätzlich einen MBA am INSEAD, Frankreich. Anfang 2011 hat er mit der Gründung der Joblinge gAG – einer maßgeblich von BCG bundesweit unterstützen Initiative – die Aufgabe des ehrenamtlichen Vorstands am Standort Frankfurt übernommen.

Jacqueline Dicke ist seit 2010 für das Kölner Institut für Managementberatung tätig. Die Diplom-Psychologin studierte mit den Schwerpunkten Arbeits- und Organisationspsychologie sowie Pädagogische Psychologie an der Goethe-Universität in Frankfurt am Main. Ihre Diplomarbeit schrieb sie im Bereich Sozialpsychologie über Beziehungen zwischen verschiedenen kulturellen Gruppierungen in Deutschland.

Christian Dries, Prof. Dr., Dipl. Psych., ist seit über 20 Jahren in der Personal- und Managementberatung tätig. Nach dem Studium der Psychologie und Ökonomie an der Justus Liebig Universität in Gießen, promovierte er zum Dr. phil. Heute arbeitet er als Geschäftsführer und wissenschaftlicher Leiter im Kölner Institut für Managementberatung.

Darüber hinaus ist Christian Dries als Professor der Wirtschaftspsychologie an der Hochschule Fresenius Köln tätig.

Lisa Floren, Auszubildende Industriekauffrau und Kommunikationswirtin, HEWI Heinrich Wilke GmbH. Sie belegte mit ihrem Team den 1. Platz beim Azubi-Wettbewerb Teamgeister 2011. Ausgezeichnet wurde ein Kommunikationskonzept zur Ansprache potenzieller Bewerber.

Jürgen Funk ist seit dem 1. Januar 2012 Mitglied der Geschäftsleitung des Arbeitgeberverbandes Chemie und verwandte Industrien für das Land Hessen e.V. (HessenChemie). Als Leiter der Verbandskommunikation war der Diplom-Pädagoge seit 2003 bereits für die Themen kindliche Frühförderung, Lehrerfortbildung und Nachwuchsmarketing verantwortlich. Von 2003 bis 2010 war Jürgen Funk zudem Geschäftsführer des Arbeitskreises Schule-Wirtschaft Wiesbaden. Mit verschiedenen Schulen der Landeshauptstadt und des Rheingau-Taunuskreis führte er mehrtägige Berufsorientierungsseminare durch. In der neuen Funktion übernimmt er zusätzlich den Bereich der beruflichen Bildung des Arbeitgeberverbandes.

Edeltraud Glänzer ist Mitglied des geschäftsführenden Hauptvorstandes der Industriegewerkschaft Bergbau, Chemie, Energie (IG BCE). Die Diplom-Pädagogin ist seit 20 Jahren hauptamtlich bei der IG Bergbau, Chemie, Energie (vorher IG Chemie-Papier-Keramik) in verschiedenen Funktionen (Sekretärin in der Bezirksleitung Rheinland-Pfalz/Saarland, ab 1997 stellvertretende Leiterin des Landesbezirks Rheinland-Pfalz/Saarland) tätig und seit März 2005 Mitglied des geschäftsführenden Hauptvorstands der IG BCE. Dort ist Edeltraud Glänzer für die Themenbereiche Bildung/Wissenschaft, Berufliche Bildung/Weiterbildung, Junge Generation/Ausbildung, Frauen/Gleichstellung, Zielgruppen und Marketing verantwortlich.

Ines Großkopf ist seit 2000 als Referentin für Presse- und Öffentlichkeitsarbeit im Kompetenzzentrum Technik-Diversity-Chancengleichheit e.V. für unterschiedliche Projekte und Maßnahmen tätig. Aktuell arbeitet die Diplom-Soziologin für den Nationalen Pakt für Frauen in MINT-Berufen „Komm, mach MINT."

Aletta Gräfin von Hardenberg ist seit März 2011 Geschäftsführerin des gemeinnützigen Vereins Charta der Vielfalt e.V. Bis Februar 2011 war sie als Director für das Diversity Management der Deutschen Bank in Deutschland verantwortlich. Im globalen Diversity Team der Bank hat sie seit 2000 maßgeblich die Diversity-Strategie der Bank mitgeprägt. Entscheidende Erfahrungen dafür konnte Aletta Gräfin von Hardenberg davor seit 1980 in verschiedenen Geschäftsbereichen der Deutschen Bank im In- und Ausland sammeln.

Lisa-Marie Herbold, Auszubildende Industriekauffrau, HEWI Heinrich Wilke GmbH. Sie belegte mit ihrem Team den 1. Platz beim Azubi-Wettbewerb Teamgeister 2011. Ausgezeichnet wurde ein Kommunikationskonzept zur Ansprache potenzieller Bewerber.

Stefanie Hölzinger, Auszubildende Kommunikationswirtin, HEWI Heinrich Wilke GmbH. Sie belegte mit ihrem Team den 1. Platz beim Azubi-Wettbewerb Teamgeister 2011. Ausgezeichnet wurde ein Kommunikationskonzept zur Ansprache potenzieller Bewerber.

Manfred Hoppe ist Volkswirt und war bis zum 31. Dezember 2011 Mitglied der Geschäftsleitung des Arbeitgeberverbandes Chemie und verwandte Industrien für das Land Hessen e.V. (HessenChemie). In dieser Funktion war er für Wirtschaftspolitik sowie für alle Bildungsfragen zuständig. Er gestaltete über drei Jahrzehnte das Weiterbildungsangebot der HessenChemie für Fach- und Führungskräfte und wirkte als Trainer und Berater in der Führungskräfte-Weiterbildung. Er unterstützte die hessischen Chemieunternehmen bei der Nachwuchsgewinnung im Rahmen der dualen Berufsausbildung und gehörte verschiedenen überverbandlichen Gremien der Berufsbildung, darunter dem hessischen Landesausschuss für Berufsbildung, an. Seit Januar 2012 ist er freiberuflich als Trainer und Berater in der Weiterbildung tätig.

Nora Hummel ist Rechtsanwältin und Mediatorin und seit dem 1. Januar 2009 Mitglied der Geschäftsleitung und Personalleiterin des Arbeitgeberverbandes Chemie und verwandte Industrien für das Land Hessen e.V. (HessenChemie). Als Leiterin des Bereichs Sozial- und betriebliche Personalpolitik verantwortet sie bereits seit 2007 die Themen Sozialpolitik und Demografie und hat insbesondere die Demografieberatung als neue Dienstleistung des Arbeitgeberverbandes mit aufgebaut. 2011 übernahm sie zusätzlich das Thema Weiterbildung und lebenslanges Lernen.

Hans Jablonski ist Diversity-Experte sowie Geschäftsführer von jablonski business diversity (jbd) und berät Unternehmen zu Diversity & Change Management. Er verfügt über 16 Jahre Erfahrung im Bereich der Organisationsentwicklung in unterschiedlichen Branchen. Er selbst war als Führungskraft tätig und kennt daher die Praxis in globalen Unternehmen. Hans Jablonski war der erste Diversity Manager in Deutschland, ist Mitinitiator der Unternehmensinitiative „Charta der Vielfalt“ und gilt als ausgewiesener Experte zu seinen Themen. Er arbeitet mit den meisten der DAX-30-Unternehmen zusammen und veröffentlicht regelmäßig Artikel und Buchbeiträge.

Christopher A. Knieling verantwortet seit Sommer 2010 das Ressort Bildungspolitik und Nachwuchsmarketing beim Bundesarbeitgeberverband Chemie e.V. (BAVC). Nach seiner Berufsausbildung bei einem internationalen Automobilkonzern studierte er Betriebswirtschaft an der Wiesbaden Business School mit den Schwerpunkten HR-Management und Marketing. Sein besonderes Augenmerk gilt den Themen Fachkräftesicherung, Ausbildungs- und Hochschulmarketing sowie Retention Management.

Udo Lemke, Dr. rer. nat., ist Chemiker und Geschäftsführer der Provadis Partner für Bildung und Beratung GmbH, die er zu dem größten integrierten privaten Bildungsanbieter in Hessen führte, zu dem heute eine Duale Ausbildungsstätte für über 40 Berufsfelder, ein großes Angebot an beruflichen Weiterbildungsangeboten und eine eigene private Hochschule zählen. Nach seinem Abitur studierte er Chemie und parallel Betriebswirtschaftslehre. Nach Abschluss seiner akademischen Ausbildung kam er zur Hoechst AG und arbeitete dort zunächst in der Forschung, ehe er im Zuge der Umgestaltung der Hoechst AG Ende der 90er Jahre in die Aus- und Weiterbildung wechselte. Seit dem Jahr 2000 führt Udo Lemke die Geschäfte der Provadis Partner für Bildung und Beratung GmbH.

Dirk Meyer verantwortet in der Geschäftsführung des Bundesarbeitgeberverbandes Chemie e.V. (BAVC) die Ressorts Bildung, Wirtschaft und Arbeitsmarkt. Der Diplom-Handelslehrer ist unter anderem an der Entwicklung und Umsetzung der innovativen Chemie-Tarifverträge zur Nachwuchssicherung und Qualifizierung sowie zur Gestaltung der Lebensarbeitszeit und des demografischen Wandels in der Chemiebranche beteiligt.

Jochen Pett ist der Deutschen Employer Branding Akademie (DEBA) seit ihrer Gründung verbunden, zunächst dreieinhalb Jahre als Leiter Forschung & Entwicklung sowie als Seniorberater, heute als assoziierter Experte. Als Managementberater für Markenstrategie und Unternehmenskommunikation entwickelte er gemeinsam mit DEBA-Gründer Wolf Reiner Kriegler 2001 das Konzept des identitätsbasierten, markenstrategisch fundierten Employer Brandings.

Karsten Rudolf, Dr. rer. soc., M.A., ist seit Dezember 2007 Geschäftsführer der Bildungspartner Main-Kinzig GmbH. Er gestaltete mit seinem Team die Fusion, aus der diese gemeinnützige GmbH als kommunaler Bildungsdienstleister hervorgegangen ist und entwickelte eine neue Marke in vorbildlicher regionaler Partnerschaft, auch mit der Wirtschaft. Von 2004 bis 2007 war er bei HessenChemie als Referent Verbandskommunikation beschäftigt und für die Europaarbeit verantwortlich. Rudolf promovierte zum Bildungsmarketing und veröffentlichte darüber hinaus zur Wirkungsforschung in der Bildung. Während Studium und Promotion sammelte er Praxiserfahrungen in verschiedenen Bildungs- und Wirtschaftsorganisationen sowie im öffentlichen Bereich, darunter auch in der Mitarbeiterkommunikation und im Veränderungsmanagement der Deutschen Bank.

Christian Stamov-Roßnagel, Prof. Dr. phil., widmet seine Forschung und Beratung den Möglichkeiten, speziell das berufsbezogene Lernen der älteren Beschäftigten zu fördern. Im Auftrag der Chemiestiftung Sozialpartner-Akademie leitete er das Projekt *Altersdifferenzierte Kompetenzförderung* in der Chemieindustrie in Kooperation mit Michelin. Für Vodafone koordiniert er das Projekt *Demografiefeste Personalpolitik*. Er ist außerdem Kursleiter des *Next Generation Leadership*-Programms der Jacobs University, ein dreiwöchiger wissenschaftlicher Weiterbildungsgang für Führungskräfte.

Kadim Tas begann die Arbeit mit Jugendlichen begleitend zu seinem Studium der Politologie an der Johann-Wolfgang-Goethe Universität in Frankfurt am Main. Fortan bildeten Konzeption und Durchführung von Projekten für benachteiligte Jugendliche den Arbeitsschwerpunkt seiner Tätigkeit als leitender Angestellter einer Bildungseinrichtung. Die Besonderheit und der innovative Ansatz der Joblinge haben Herrn Tas dazu bewogen, seit Anfang 2011 die Leitung der Joblinge gAG Frankfurt am Main zu übernehmen.

Angelika Teppe ist Personalleiterin der ALMO-Erzeugnisse Erwin Busch GmbH. Die Diplom-Ökonomin ist seit 2000 in verschiedenen operativen und strategischen Aufgabenfeldern im Personalmanagement tätig. 2005 hat sie die Kooperation Schule und Arbeitswelt in Bad Arolsen mitbegründet. 2009 hat sie das betriebliche Gesundheitsmanagement im Unternehmen integriert.

Rainer Thiehoff, Dr. rer. pol., ist geschäftsführender Vorstand des Demographie Netzwerks e.V. (ddn). Seine Arbeitsschwerpunkte liegen in ökonomischen und organisationspsychologischen Fragen der Prävention,

Balanced Scorecards von Sicherheit und Gesundheit, betriebswirtschaftlichem Management von Human Resources sowie dem Konzept des ermöglichenden Staatshandelns. Seit 2002 hat er als Geschäftsführer die Initiative Neue Qualität der Arbeit (INQA) aufgebaut, aus der 2006 das Demographie Netzwerk e.V. hervorgegangen ist.

Paula Thieme leitet seit April 2011 den Akademiebereich der Deutschen Employer Branding Akademie (DEBA) und den Arbeitgebermarkentest „Deutschlands Arbeitgebermarken". Die studierte Diplomkauffrau arbeitete als wissenschaftliche Mitarbeiterin und Dozentin an einer privaten Managementhochschule und forscht zu Auswirkungen des demografischen Wandels auf das Management. Sie promoviert an der Humboldt-Universität zu Berlin.

Kathrin Thurau, Dr. ist Ingenieurin für Ergonomie und Arbeitsgestaltung und für die Geschäftsstelle der Initiative Neue Qualität der Arbeit tätig. Im Rahmen der Initiative präsentiert sie seit 2004 mit der INQA-Datenbank Gute Praxis betriebliche Erfahrungen und praxisorientiertes Gestaltungs-Know-How für sichere, gesundheitsförderliche und wettbewerbsfähige Arbeit.

Wolfgang Wähnke bearbeitete als Projektmanager in der Bertelsmann Stiftung von 1992 bis 2004 Gesundheitsprojekte und seit 2005 Projekte zum Thema demografischer Wandel. Zuvor war der Diplom-Betriebswirt in verschiedenen Unternehmen der pharmazeutischen Industrie in der Marktforschung und im Produktmanagement tätig.

Frank-Jürgen Weise ist Vorstandsvorsitzender der Bundesagentur für Arbeit in Nürnberg. Nach Ausbildung und Studium der Betriebswirtschaftslehre bei der Bundeswehr war er unter anderem Controller bei VDO, Vorsitzender der Geschäftsführung der Braunschweiger Hüttenwerk GmbH, Vorstand der FAG Automobiltechnik und Mitgründer und Vorsitzender des Vorstands der Microlog Logistics AG. Seit 2002 ist Weise im Vorstand der BA, seit 2004 Vorstandsvorsitzender.